江苏省传统建筑营造地域特色

张泉 胡石 薛东 戴薇薇 等 ◎ 著

东南大学出版社
SOUTHEAST UNIVERSITY PRESS
·南京·

编写组成员（以姓氏笔画为序）

王汉辉　方　直　沈杨帆　张　泉　武浩然　金群佳

胡　石　徐晨伟　奚江月　高　琛　郭逸文　郭　瑞

唐静寅　崔　淮　章泉丰　谭思晓　薛　东　戴薇薇

序　言

　　江苏文化积淀深厚，历史文化遗存丰富，至今保有历史文化名城 17 座、历史文化名镇 39 个、历史文化名村 18 个、历史文化街区 56 处（另有 46 处待公布），其中国家级名城、名镇、街区数量均列全国首位。在各类历史文化遗存中，传统建筑宛如璀璨的明珠，既是中华优秀传统文化的重要物质载体，也是当代城乡规划建设的宝贵资源和创新源泉。

　　传统建筑营造受地域、气候、材料、工艺、流派等因素影响，具有鲜明的多样性。宏观上看，江苏传统建筑总体上呈现"南秀北雄"的风格，这种文学性言辞可以、也只能粗略地表述传统建筑的一般风貌，而不足以作为规划建设的技术语言。为了更好地保护、传承和弘扬江苏的优秀传统营造文化，需要系统地、具体地从规划建设、营造技艺等专业层面，对各地的传统建筑进行细致的考察、比较和研究，科学地鉴别江苏不同地域的传统建筑特色。

　　本书研究立足于江苏现存传统建筑的客观状态，主要考察不同地域传统建筑在形制与工艺等主要领域中较为明显的区别，并分为五大部分进行比较研究和阐述。

　　第一章以建筑平面为研究对象，从空间格局着手，通过比较建筑的单元与组合、开间、进深和院落的特点，探究不同地域传统建筑在空间布局方面的异同。

　　第二章以建筑剖面为研究对象，对传统建筑屋面坡度及其营造算法进行比较，从建筑檐柱、檐口、脊身、门槛、台基的高度和室内净高六个方面解析各地域传统建筑剖面的特点。

　　第三章以建筑部品为研究对象，重点考察柱与柱础、梁及组件、檩与机、出挑构件、轩、门窗、正脊、山墙、包檐墙、槛墙、院墙、墙门及门楼等部品及构件的分类和做法，归纳分析不同地域传统建筑在部品制造以及安装中的特点。

第四章以建筑细部为研究对象，从工艺细节着手，通过比较勾头滴水、胜类图案、彩画和油漆的典型案例，解析各地域传统建筑细部构造工艺的异同与成因。

第五章以建筑雕塑与纹饰为研究对象，对雕塑与纹饰的材料、题材分类、用法和制造工艺等方面进行比较分析，研究不同地域的技术工艺及其所象征的文化意义。

江苏传统建筑的某些特点，尤其与地理气候直接相关的一些特点，是以苏南、苏中、苏北*的状态分布的。特别的是明初中央政府的"洪武赶散"行为，客观上促进了苏州香山帮的建筑技艺更广泛地传播到了苏中及部分苏北地区。

通过对各地传统建筑主要风貌特色和营造特点的比较，本书把江苏全省分为太湖、宁镇、淮扬泰、南通、徐宿、沿海六个地域**，需要说明四点：一、这样的地域划分是基于主要风貌特色和营造特点，并方便比较、表述；二、有一些特色是一个以上地域共有的、交叉的；三、地域之间没有明确的边界，总体上以城市为中心，类似于中心城市影响力范围；四、太湖、沿海两个地域名称是为了突出沿湖、沿海地理环境特点对地域的共同影响。

总体而言，六个地域的特色如下：沿海地域因处于长江与黄河两大入海口之间的淤积地带，历史上以盐业、农业以及渔业（船居）为主要产业，经济发展相对滞后一些，传统建筑不免受之影响；徐宿地域处于江淮与黄淮交融地带，传统建筑地跨江河、过渡两淮、兼具雄秀；淮扬泰地域同受盐运、漕运影响而文化交流密切，传统建筑华彩重商；南通地域的主要部分在唐代以

---

* 按现行通用的苏南、苏中、苏北分区，苏南包括苏州、无锡、常州、镇江、南京五市，苏中包括南通、泰州、扬州三市，苏北包括徐州、连云港、宿迁、淮安、盐城五市。

** 书中"地域"对应此六处。

后方陆续出水成陆，盐渔经济到清末才凸显出江海文化特点，传统建筑总体简朴、自成特色，兼受太湖地域文脉和西式建筑的影响，但如皋等西、北地带成陆较早，传统建筑特色多随淮扬泰地域。宁镇地域和太湖地域同属江南文化，主要区别在于：宁镇地域因受十朝古都、淮扬吴楚文化交汇的影响，建筑兼具气势与秀丽；太湖地域是吴文化的发源地和核心地带，历来经济、文化先行发达，传统建筑最为工艺精湛、制作精美。

本书研究主要针对各地域传统建筑的不同营造特色进行阐述，重点关注各地做法的区别，对其主要特征进行分析、归纳。对于普遍类同的一般性营造做法，择要进行研究分析；对某些特殊做法，重点分析其成因；对来源模糊、没有普遍性的做法，不作为研究的重点。

希望通过本书的比较研究，能够更加准确、细致、深入地展示江苏传统建筑营造的地域特色，为提升传统建筑营造匠师的技艺和文脉素养，为深化历史文化真实性传承与弘扬、增强城乡文化的地方特色底蕴，为进一步做好全省历史文化保护工作、提升城乡建设品质提供参考和借鉴。

目　录

第一章　平面　　　　　　　　　　　　　　　　　　　　　/1

　第一节　格局　　　　　　　　　　　　　　　　　　　　/1

　　一、单进民居的基本格局　　　　　　　　　　　　　　/2

　　二、多进民居的基本格局　　　　　　　　　　　　　　/5

　　三、多路民居的基本格局　　　　　　　　　　　　　　/9

　　四、公共建筑一般格局　　　　　　　　　　　　　　　/11

　　五、出入口　　　　　　　　　　　　　　　　　　　　/14

　　六、建筑出入口样式　　　　　　　　　　　　　　　　/18

　　七、正厅位置　　　　　　　　　　　　　　　　　　　/23

　第二节　间　　　　　　　　　　　　　　　　　　　　　/27

　　一、间宽　　　　　　　　　　　　　　　　　　　　　/27

　　二、间数　　　　　　　　　　　　　　　　　　　　　/29

　第三节　进深　　　　　　　　　　　　　　　　　　　　/32

　　一、界数　　　　　　　　　　　　　　　　　　　　　/32

　　二、界深　　　　　　　　　　　　　　　　　　　　　/39

　　三、轩　　　　　　　　　　　　　　　　　　　　　　/40

　　四、厅前廊　　　　　　　　　　　　　　　　　　　　/43

　第四节　院落　　　　　　　　　　　　　　　　　　　　/44

　　一、院落尺度　　　　　　　　　　　　　　　　　　　/44

　　二、院落附属建筑　　　　　　　　　　　　　　　　　/46

第二章　剖面　　　　　　　　　　　　　　　　　　　　　/49

　第一节　屋架坡度　　　　　　　　　　　　　　　　　　/49

　　一、举架　　　　　　　　　　　　　　　　　　　　　/49

　　二、金字梁体系的屋架坡度　　　　　　　　　　　　　/52

第二节　高度　　　　　　　　　　　/53

　　一、檐柱高度　　　　　　　　　/53

　　二、檐口高度　　　　　　　　　/57

　　三、室内净高　　　　　　　　　/60

　　四、脊身高　　　　　　　　　　/64

　　五、门槛高　　　　　　　　　　/68

　　六、台基高　　　　　　　　　　/69

第三章　部品　　　　　　　　　　　/71

第一节　柱与柱础　　　　　　　　　/71

　　一、概述　　　　　　　　　　　/71

　　二、分类　　　　　　　　　　　/71

　　三、地域特色做法　　　　　　　/78

第二节　梁及组件　　　　　　　　　/80

　　一、概述　　　　　　　　　　　/80

　　二、分类　　　　　　　　　　　/81

　　三、地域特色做法　　　　　　　/90

第三节　檩与机　　　　　　　　　　/92

　　一、概述　　　　　　　　　　　/92

　　二、分类　　　　　　　　　　　/93

　　三、地域特色做法　　　　　　　/94

第四节　斜撑　　　　　　　　　　　/95

　　一、概述　　　　　　　　　　　/95

　　二、分类　　　　　　　　　　　/96

　　三、地域特色做法　　　　　　　/97

第五节　轩　　　　　　　　　　　　/98

　　一、概述　　　　　　　　　　　/98

　　二、分类　　　　　　　　　　　/98

　　三、地域特色做法　　　　　　　/100

第六节　门窗　　　　　　　　　　　/102

　　一、概述　　　　　　　　　　　/102

　　二、分类　　　　　　　　　　　/102

　　三、地域特色做法　　　　　　　/107

第七节　正脊　　　　　　　　　　　/109

　　一、概述　　　　　　　　　　　/109

二、分类 /109

三、地域特色做法 /113

第八节　翼角与攒尖 /116

一、概述 /116

二、分类 /116

三、地域特色做法 /119

第九节　山墙 /120

一、概述 /120

二、分类 /121

三、地域特色做法 /125

第十节　包檐墙与槛墙 /128

一、概述 /128

二、分类 /128

三、地域特色做法 /130

第十一节　院墙 /131

一、概述 /131

二、分类 /131

三、地域特色做法 /136

第十二节　墙门与门楼 /136

一、概述 /136

二、分类 /137

三、地域特色做法 /140

第四章　细部 /143

第一节　勾头滴水 /143

一、概述 /143

二、分类 /143

三、地域特色做法 /145

第二节　胜类 /146

一、概述 /146

二、分类 /146

三、地域特色做法 /147

第三节　彩画 /147

一、概述 /147

二、分类 /147

三、地域特色做法　　　　　　　/149

　第四节　油漆　　　　　　　　　/150

　　一、概述　　　　　　　　　　/150

　　二、分类　　　　　　　　　　/151

　　三、地域特色做法　　　　　　/152

第五章　雕塑与纹饰　　　　　　　/153

　第一节　以雕塑材料分类　　　　/153

　　一、砖雕　　　　　　　　　　/153

　　二、木雕　　　　　　　　　　/156

　　三、石雕　　　　　　　　　　/162

　　四、泥塑　　　　　　　　　　/164

　第二节　以饰纹题材分类　　　　/166

　　一、概述　　　　　　　　　　/166

　　二、神话类　　　　　　　　　/166

　　三、人物类　　　　　　　　　/167

　　四、动物类　　　　　　　　　/167

　　五、植物类　　　　　　　　　/168

　　六、物品类　　　　　　　　　/169

　　七、纹样类　　　　　　　　　/170

　第三节　纹饰用法　　　　　　　/171

　　一、概述　　　　　　　　　　/171

　　二、独立式　　　　　　　　　/171

　　三、组合式　　　　　　　　　/176

　　四、系列式　　　　　　　　　/179

　第四节　工艺　　　　　　　　　/181

　　一、概述　　　　　　　　　　/181

　　二、雕刻　　　　　　　　　　/181

　　三、彩画　　　　　　　　　　/184

　　四、泥塑　　　　　　　　　　/186

参考文献　　　　　　　　　　　　/188

后　记　　　　　　　　　　　　　/189

第一章 平 面

第一节 格 局

  江苏地区自然环境优良、物产丰富，自古以来就是我国最为富庶的地区之一。在坚实的经济基础上，各类建筑的工艺和品质美轮美奂，苏州香山帮的营造技艺还影响到北方的官式建筑乃至全国更大范围。就江苏省内来看，日益密切的经济、文化交流使各地区建筑形式总体上逐渐趋同，但由于地理环境、气候条件、经济结构、民风习俗等众多历史因素的交织影响，各地区传统建筑的造型风貌、结构体系以及装饰装修都形成了不同的特点，尤其在建筑的平面格局方面，形成了具有丰富传统文化内涵的多种形式。

  礼仪制度对建筑形制起到了重要的约束和规范作用，舆服制度是其典型体现。该制度正式创立于西周——周公制礼作乐，初载于《周礼》；从唐代的"舆服志"开始，历代都有关于建筑形制等级方面的规定。明代对于建筑营造的规则更为细致，如《明史·舆服志四·室屋制度》规定"一品二品厅堂五间九架，三品至五品厅堂五间七架，六品至九品厅堂三间七架"，而普通民居仅"三间五架"；清代基本沿袭明代规制。江苏是国家的经济核心地区和交通动脉所在，对国家制度的遵守和对主流文化的依循相对比较自然，但由于经济发展、社会习俗和生活需要等现实客观条件变化的影响，在不违反礼制核心规定的大原则下，具体建筑的营造也广泛存在着局部的变通、变化。

  地理环境是影响建筑格局的重要条件。山河走势、城市布局等地形地貌，对建筑、建筑群的格局直接产生制约性影响。如苏州老城的水陆双棋盘布局，导致不少宅院直接面向南北向的街道，许多临街的建筑无法按传统的朝向组织，而多因地制宜布局。在丘陵地带，建筑格局因山形地势变化而建筑主朝向方位多变，如徐州户部山地区的传统建筑，见图1-1户部山整体古建筑群布局。

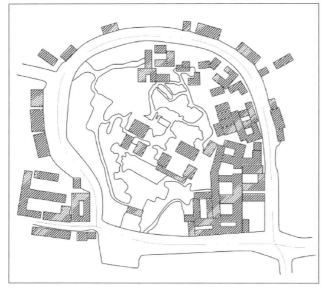

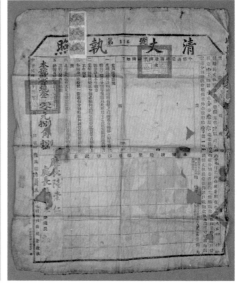

图 1-1　户部山整体古建筑群布局　　　　　图 1-2　清末时期的清丈执照

场地条件是限制建筑格局的重要因素。在封建社会，建造房屋的地块需要与之相匹配的地契为依据，如清代的典契中写明标的物的四至范围（图 1-2），民国时期又出现了用地号表述四至的做法。不论地契形式如何变化，地契中所约束的用地范围始终都对建筑的格局布置与营造尺度产生重要的制约作用。

户主特征也是影响建筑格局的主要方面。作为建筑营造的决策者，户主的经济实力、社会地位、文化偏好等，都深深影响了建筑格局的形式与风格。

本书从使用功能角度，把江苏传统建筑分为两大类：居住建筑和公共建筑。居住建筑包括各种类型的民宅、官邸以及家祠，简称"民居"；公共建筑包括衙署、宗祠、寺庙等众多类型。现存实物大部分是民居，公共建筑较少。民居的建筑格局受各种因素的制约较多；公共建筑因其等级较高，投入较大，可通过经济等能力进行选择的如场地条件等因素对建筑营造的牵制较小，而常因其社会地位重要、空间位置显要，受礼仪制度的约束则更为严格。

一、单进民居的基本格局

"进"是传统建筑规模的常用计量单位，江苏大部分地区的"进"是指建筑单体，也有一些地区的"进"是指院子。为了方便比较，除了特别说明处之外，本书研究中统一以"进"作为建筑单体的计量单位。

图 1-2 引自 http://www.qjmuseum.com/pd.jsp？id=1160

单进建筑的户主主要是社会的底层平民，家庭人口数量较少，经济多不富裕，用地条件常受较大制约；也有一些沿街单进建筑用于小型工商业。单进建筑可分为两类：单栋建筑，即无院子的独栋房屋；有院子的单进建筑，主要有带单厢、带双厢和不带厢房等三种。

独栋三间的建筑在单进民居中最为常见，一方面因其户主的经济条件所限制，另一方面也是舆服制对民宅的制度规定。这类民居的普遍特点是占地小、类型多样，具体形式因地制宜，应用性、随机性强。由于单栋建筑需要承担居民生活起居、会客等所有的家庭功能和用途，所以内部布置的变化也相当多，沿街二层的单栋民居常被用作下店上宅、下坊上宅。独栋建筑常见于城市中心的商业区，以及南通、盐城等沿海地区。

表 1-1　单进建筑格局类型表

类型	格局描述	平面图例	常见地域
I	一层三间		各地区通用格局
II	两层三间		苏南地区

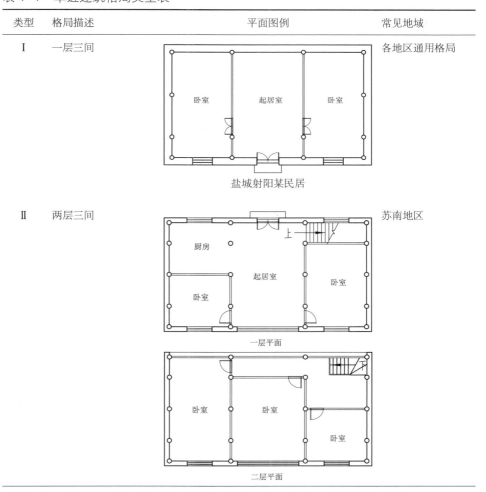

类型	格局描述	平面图例	常见地域
Ⅲ	下店上宅型	一层平面 二层平面	下店上宅型建筑多位于各地区沿街位置，一层用作商铺，二层用作住宅
Ⅳ	建筑三间+前院		苏州、无锡、常州较为常见
Ⅴ	建筑三间+前院+双厢	扬州湖南会馆	扬州、无锡、苏州、常州较为常见

类型	格局描述	平面图例	常见地域
VI	建筑三间+前院+单厢	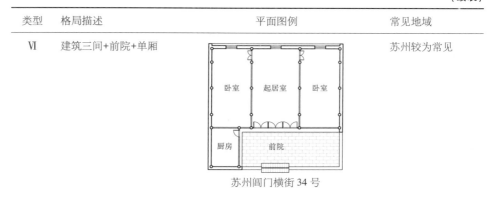 苏州阊门横街 34 号	苏州较为常见

二、多进民居的基本格局

因为建筑质量和保护等原因，江苏现存的传统民居建筑大都是多进的格局，可以分为三大类型：基本型、代表型、拓展型。

1. 基本型

基本型为二进至四进建筑，户主大多是小康小富之家，受地基范围、经济财富等影响，满足基本居住需求并兼顾礼仪功能。

二进建筑通常由前后两进房屋与中间的院落组成，分为纯居住与前店后宅两类，层数不高于二层。纯居住类型通常第一进为门厅和辅助居住空间，第二进为主要居住空间。部分院落单侧或两侧有厢房。前店后宅型第一进是店铺，第二进为居住房屋。

表 1-2　二进建筑格局类型

类型	格局描述	平面图例	常见地域
I	无厢房	 无锡小娄巷 38 号	江苏各地

类型	格局描述	平面图例	常见地域
Ⅱ	有厢房	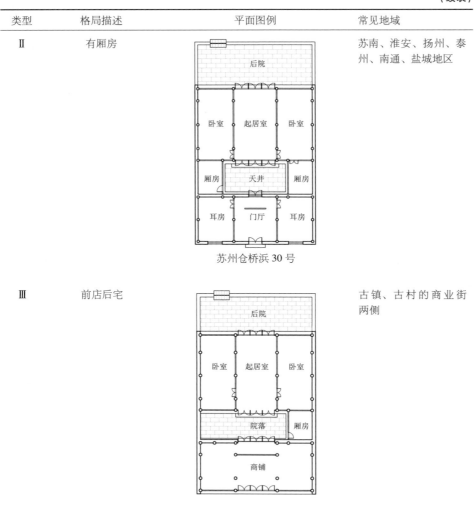	苏南、淮安、扬州、泰州、南通、盐城地区
Ⅲ	前店后宅		古镇、古村的商业街两侧

苏州仓桥浜 30 号

三进建筑通常为门厅、客厅、卧厅（公共类建筑一般则是门厅-前厅、主厅-大堂、后厅-内务辅房）。门厅兼具轿厅功能，卧厅兼具内厅功能，部分地区院落内侧有连廊或厢房。三进建筑的礼仪性、内外分隔已经初步明确（图1-3）。

四进建筑通常由门厅、客厅、内厅、卧厅组成，见图1-4；也有门轿合一，加客厅、内厅、卧厅的格局，且内厅、卧厅多为楼房，见图1-5。

楼厅是太湖、宁镇（南京、镇江）、淮扬泰（淮安、扬州、泰州）地域常见的二层居住空间，主要因为：第一，受地块条件限制只能增加楼厅以获得较多房间，适合人数较多的家庭使用；第二，太湖和沿江地区多雨潮湿且梅雨季节特点强烈，防潮也是重要需求，二楼楼厅可以有效减轻湿霉现象；第三，有利于安全和私密性保护。

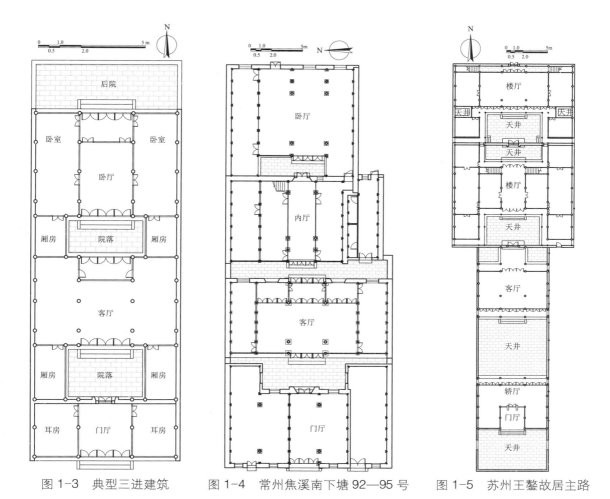

图 1-3 典型三进建筑　　图 1-4 常州焦溪南下塘 92—95 号　　图 1-5 苏州王鏊故居主路

图 1-5 改绘自张泉等，《苏州传统民居营造探原》，2017.

四进的建筑功能分区明确，礼仪制度内外有别。门厅是与户外交往、全宅关防所用；轿厅主要作为停轿备茶、迎送宾客之所；客厅则是接待宾客和日常生活起居的场所，是家庭主要活动和对外接待场所，通常也是全宅体量最大、装饰最精致的建筑；卧厅则是家眷居住的地方，一般在正间供奉祖先牌位（如是楼厅则多供奉在底层正间）。这种布局基本满足了日常功能需求，是江苏各地区普遍存在的类型。

2. 代表型

明清时期江苏很多地区经济较发达，大户、富户众多，由门厅、轿厅、客厅、内厅、卧厅等五进厅堂及其院落组成的建筑群，能够满足当时一般大户、富户的生活居住需求，并且符合传统正规礼仪，每座建筑的功能也没有重叠、重复，在太湖、宁镇、淮扬泰等富庶之地最为常见，是江苏地区最具礼仪性的典型平面布局，因此称其为"代表型"，如图 1-6 所示。

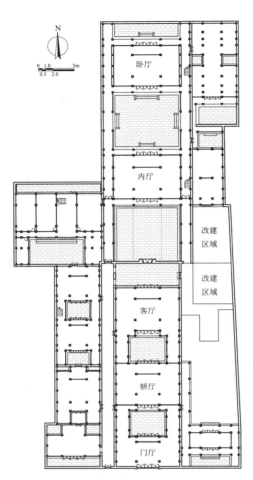

图 1-6　苏州潘祖荫故居

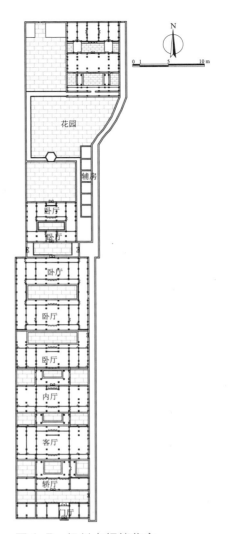

图 1-7　扬州卢绍绪住宅

主轴线布置自南而北（自外而内）序列：门厅、轿厅、客厅、内厅、卧厅。很多民居在客厅与内厅之间设置隔墙，中设砖雕门楼或墙门以分隔内外功能区，墙前涉外，墙后是专供家眷起居的内部空间。

3. 拓展型

拓展型为六进及以上的建筑，多因其经济、地位、人口等方面的需求，在"代表型"的基础上增加卧厅或私家园林等其他功能性空间。在建筑格局中，前五进分别与"代表型"相同，对外交往、起居的建筑功能秩序没有变化；与"代表型"的区别主要在于后部卧厅的数量增加，增加的房屋只是增大卧室、起居的功能规模，主要是满足大户人家众多成员的生活起居、储藏及招待宾客等辅助需求。此类住户常有居家仆人，多设置专用辅房在最后一

图 1-6 改绘自张泉等，《苏州传统民居营造探原》，2017.
图 1-7 改绘自雍振华，《中国民居建筑丛书——江苏民居》，2009.

进，如图 1-7 所示。

总之，在建筑格局中讲究中轴线的对称性，同时在轴线上以特定功能进行院落的礼仪秩序排布，这是江苏传统建筑格局的核心所在，也是由传统的礼制思想所决定的。受经济发展的影响，苏南、淮扬泰等富庶之地五进的宅院较多，苏州、扬州两地留存至今的六进以上的宅院也不在少数；徐宿（徐州、宿迁）、南通、沿海等地域则多为五进以下，二、三进最为常见。

三、多路民居的基本格局

多路民居是在多进民居的基础上，在侧旁增加一路或数路房屋，都是大户、富户的住宅，规模不等，建筑繁复奢华，多有私家园林，苏州即现存有五路九进的住宅。多路民居不仅是经济实力的体现，也是社会地位的一种象征。

多路民居无论规模大小，其格局一般有以下共性特点：

1. 礼仪唯一性

无论多路建筑多么庞大，其建筑格局都会按照封建社会的宗法观念和家族制度而布置。建筑形制等级明确，各类用房的位置、装修、面积、造型都具有大致统一的形制规定。因遵循传统礼法中"天无二日，家无二主"的思想观念，多路建筑群中只能有一路为主路，称为"中路"或"正路"，其他为"边路""东路""西路"。空间上有两条及以上轴线，但礼仪规制上仍以正厅所在的轴线为中轴，换言之就是：一个功能性住宅建筑群中只能有一条礼仪轴线、一个礼仪中心。这是一户多路民居与多户并联民居最根本的区别。

2. 功能关系

多路民居的布局特点：①中路功能布局与代表型或纵向拓展型民居相同；②边路前三进一般设置辅助、休闲功能的厅房，第三进以后设置卧厅；③有些住户的总人口多，边路多进厅房，甚至全部厅房均作为卧厅；④有些主人好园，边路厅房较少，花园较大。

功能方面区别：中路是全宅的轴心，是主要出入通道、礼仪接待场所和主人、长辈居所；边路不设客厅，没有正规接待、礼仪场所，但可有休闲聚友之所，如花厅、书房等。

3. 空间关系

多路民居空间布局总体特征：①与中路同进厅房相比，边路厅房规模较小、高度较矮、装修较简；②边路厅房的轴线没有中路那么规整，可以采用折线甚至自由布置（方位统一）；③边路厅房的空间对称性没有中路那么严格，例如，休闲功能的花厅结合景观、庭院布置，变化较多，也多见豪华装修；④中路的主要交通流线是中轴线，而边路的交通则比较自由，多依靠避弄；⑤相比中路，边路的建筑密度较小，花园、庭院较多。

休闲空间的布局　花厅、鸳鸯厅、船厅等休闲空间多设置在西侧边路，其中花厅一般设置在西路的前三进，与侧花园结合。

辅助空间的布局　书房一般设置在东侧边路第二、三进，客房一般设置在西侧边路前两进，供家族普通成员使用的卧厅一般设置在边路第三进以后，佣人房（下房）多设置在门房（中路门厅）及边路前两进。

多路民居的建筑格局形式往往取决于住户家族的出身、职业、经济实力，一般来说，核心布局越规整，说明家族的礼仪、文化修养高；休闲空间多，体现了家庭富裕、经济实力强。

4. 路进关系

古代传统民居的营造特别是大型建筑群（一般指多路民居）的营造过程大多不是一蹴而就的，往往需要历经十几年甚至几代人的努力，或者是后代成家而未分家的需要（一旦分家就可有独立的礼仪轴线和中心），所以在建造次序上一般是先有进、院，后拓展路，从空间组织角度，就是先以纵向发展为主，进而横向布局，可简单概括为"先有多进后有多路"。

5. 路与路的关系

多路院落的轴线具有主次关系，以一路建筑为中轴，向一侧或两侧拓展。主路建筑以门厅、轿厅、客厅等礼制性功能为主，边路建筑常以花厅、书房或园林等休闲性功能为主。主入口位于中心轴线上，主人、重要客人或重要活动时宾客从主入口通行，仆人、日常生活起居人员则从辅助入口出入。传统民居布局中比较特别的是并置两路的平面布局形式，一般是兄弟合户建宅，因出于兄弟平等的考虑，两路多为相同建筑并置。

路与路之间的空间轴线关系一般有两种形式：各路轴线平行，或边路自由布置。主路的建筑格局一定是严格按照传统的礼法规制，中轴线对称布局；其他各路建筑则不一定要严格遵循这一规定。常见多路格局可分为三类：其一，建筑用地宽绰、地基规整，各路轴线平行分布，这是最具普遍性也是完全按照礼仪规制布局的轴线关系，往往户主也极为重视礼仪宗法，如图1-8所示。其二，用地条件有限且地基边界形状多变，因用地条件的限制只能让建筑格局适应用地形状。其三，园林布局影响整体格局，由于中国古典园林讲究师法自然，用地、造型不拘一格，随心排布，所以建筑群内园林的设置会直接影响到建筑格局的形态。

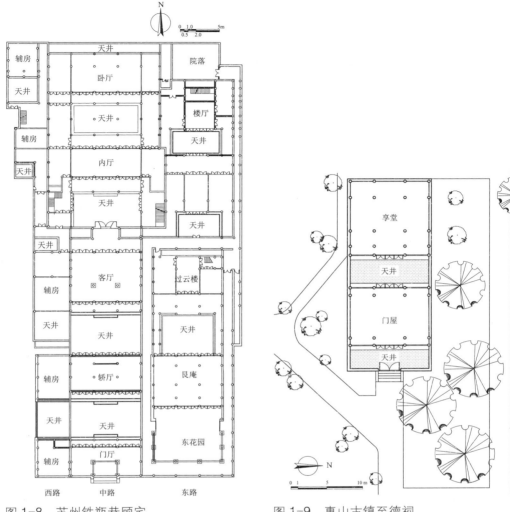

图 1-8　苏州铁瓶巷顾宅　　　　　图 1-9　惠山古镇至德祠

多路建筑规模宏大、造价高昂，多见于经济富裕地区，主要分布在太湖、宁镇、淮扬泰一带，南通、徐州有个别遗存。

四、公共建筑一般格局

江苏现存的传统公共建筑主要有宗祠、寺庙、衙署等，此外还有一些商铺、办公建筑。

宗祠建筑有很强的轴线性和主次性，体现出强烈的中心和等级秩序。规模较小的宗祠仅用门屋和享堂，院子布局简单，如惠山古镇的至德祠(图1-9)；规模较大的宗祠可布置门屋、仪门、享堂和供奉牌位的寝殿等建筑，如惠山古镇的张中丞祠(图1-10)、昭忠祠(图1-11)。

图 1-8 引自张泉等，《苏州传统民居营造探原》，2017.
图 1-9 改绘自周晓菡，《建构视角下的无锡宗祠建筑构造特征研究》，2017.

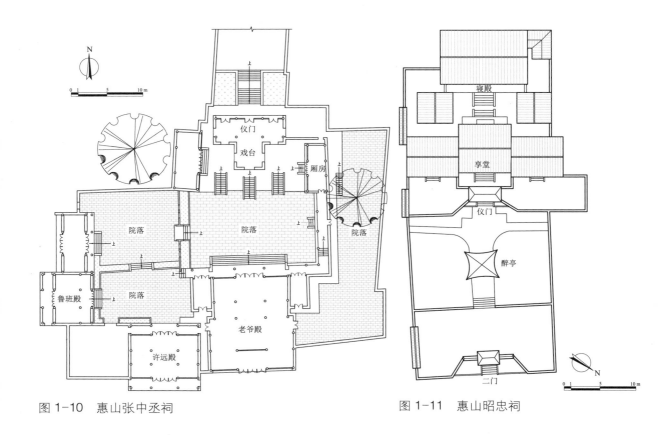

图 1-10　惠山张中丞祠

图 1-11　惠山昭忠祠

　　江苏寺庙的建筑格局，依照所在地的地理条件可分为山地、平地两类。在山地修建的庙宇以山势为依托，整组建筑沿山体走势因地制宜分布排列，建筑格局不拘泥于坐北朝南的传统规范形制，整体布局较自由，如图 1-12 所示。在平地建设的寺庙，多是严格按照坐北朝南方位布局以及中轴对称式的分布方式，如图 1-13 所示。

　　衙署建筑群是政权的象征，布局一律坐北向南、中轴对称，层层院落递进串联，形成多进、多路格局。大型衙署一般有三条纵轴线并列递进，主轴居中、两侧辅助。江苏地区衙署遗存极少，典型如淮安府署，中路分布照壁、牌坊、大门、仪门、戒石亭或坊、门房、三班六房、大堂、二堂、三堂等；东路为土地庙、迎宾馆、厨房、花园、吏舍等；西路为牢狱、会客厅、巡捕用房等（图 1-14、15）。整组建筑主次分明、布局严谨，体现出规范与谨肃的氛围。

　　江苏传统建筑类型多样，但院落格局原理基本相同：总体上中轴对称，主次有序，内外有别；朝向南北为主，东西为辅；横向中间为主，两侧为辅。相同类型建筑的规模一般不以建筑单体而以进落的多少得以体现，即所谓

图 1-10 改绘自周晓菡，《建构视角下的无锡宗祠建筑构造特征研究》，2017。
图 1-11 改绘自吴珏，过伟敏，《"无为" & "有为"——惠山祠堂建筑群布局特色及营建思想初探》，2006（6）：124-125.

图 1-12 引自夏天. 南京栖霞寺建筑空间与景观特色研究[D]. 南京：南京艺术学院,2012.

图 1-13 改绘自邹林海. 扬州寺庙园林艺术特征与综合价值研究[D]. 南京：南京农业大学,2017.

"庭院深深深几许"的意境。以上是立足于典型平面单元，探讨了院落多样性组合的一些基本特点；实际应用中，在以上基本原理的基础上，因地制宜也是普遍的实践法则。

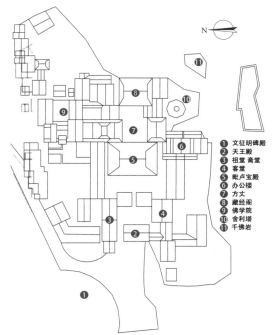

① 文征明碑殿
② 天王殿
③ 祖堂 斋堂
④ 客堂
⑤ 毗卢宝殿
⑥ 办公楼
⑦ 方丈
⑧ 藏经阁
⑨ 佛学院
⑩ 舍利塔
⑪ 千佛岩

图 1-12 南京栖霞寺

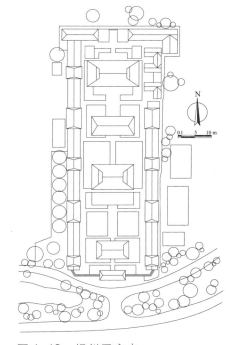

图 1-13 扬州天宁寺

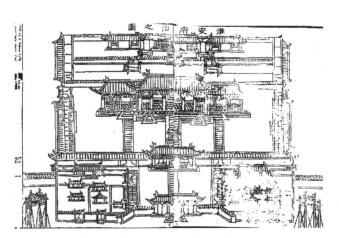

图 1-14 明万历《淮安府治》中的府署图

图 1-15 淮安府署现状

五、出入口

出入口是建筑群与外部的通道，此处重点探讨主要出入口。江苏地处北纬30°45′~35°20′，东经116°18′~121°57′，大部分属于夏热冬冷地区，因此南向采光对江苏全省建筑都十分重要，江苏传统建筑也以南向出入口最为常见。但建筑群出入口的朝向往往还受制于其他外部因素的影响，从而出现东、西向或东南向、西南向的出入口，因地形制约甚至也有不少北出入口。影响传统建筑出入口方位的外部因素可以归纳为以下几点：

1. 街巷格局

街巷格局是影响建筑出入口朝向的主要因素，尤其是古代城市的街巷密度大，房屋建筑都得顺应城市整体的街巷格局。江苏大部分地区多以南北向为主街，东西向为辅街，建筑出入口选择面向东西向的辅街，便利交通又远离嘈杂的主街，乘势形成主出入口，如南京的老城南地区、苏州的十全街地区（图1-16）。

面临南北向主街的建筑，出入口通常都是东西向的方位，此类建筑以"前店后宅"居多，因为商业型建筑需要面向主街以便于接纳更多的顾客，其后的居住用房则改为更适合居住的南北朝向，如图1-17所示。这类建筑通常以厢房作为出入口，一般规模较小，以厢房作为门屋很方便出行。

2. 建筑等级

建筑的等级是影响建筑出入口的重要因素，礼制性建筑（如祠堂、学堂等）、官式建筑（如府衙、官宅）、规模大的民居等，礼仪性越强，方位要求越严格。礼仪性要求高的建筑基本不会建在主要朝向方位不适合的地点，《周礼》开篇就是"惟王建国，辨方正位"，充分印证了主要出入口在建筑群中方位的重要性。

礼制性建筑和官式建筑由于文化意义强烈、建筑等级较高，基本都是南北向方位，其出入口位于建筑群的主轴线且都为南向，所以有"八字衙门朝南开"的俗语，如图1-18所示。

民居建筑的出入口方位多样。大户住宅因其主人的财力雄厚，往往会占据街巷格局中较为重要的位置，方位多以南向为主。一般性住宅通常位于街区较为边缘的位置，由于受到街巷布局和建设基地范围的限制，出入口布局需要因地制宜，以南向最为常见，东西向次之，北向最少。

图 1-16　苏州十全街——街巷格局

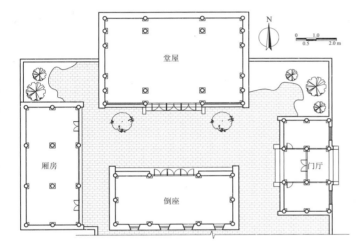

图 1-17　东台贲氏住宅

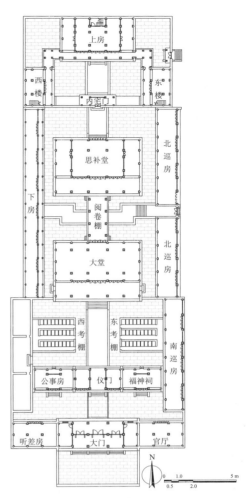

图 1-18　泰州学政试院

图 1-18 改绘自戴群，
《苏北传统建筑调查研究》，2019.

出入口的一个基本原则是必须方便户内外联系，平地、山地、临水概莫能外。

3. 水系

江苏水网众多，街区往往随水网延伸，建筑群布局会受到很大的影响。例如，常州的焦溪古镇（图 1-19、20）、苏州的周庄古镇等，建筑群格局直接与水系相关、相连，甚至水系也成为建筑格局的组成部分，尤其是临交通型河道建筑的出入口往往直接与河道相连通、随河道走势而变化。

4. 地势

丘陵山地的建筑受到山体地形走势的影响，建筑群出入口方向也较为自由，如图 1-21 所示。

图 1-19　常州焦溪古镇水系与街巷关系

图 1-21　徐州户部山地区地势格局

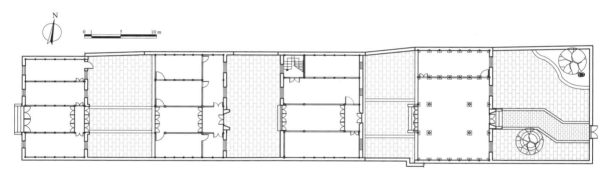

图 1-20　常州焦溪承越故居平面图

　　各地的建筑营造常有当地的偏好，这些偏好往往是由地理、气候和文化等条件所影响的，久而久之就成为一种习惯，逐渐演变为地区的营造偏好。

　　在出入口位置方面，大部分地区的建筑主出入口都习惯位于建筑院落主轴线的南侧。因为古代社会对于建筑营造的轴线礼仪十分重视，强调建筑整体的对称性和等级秩序，因此将大门放在主轴线的南端是主流做法（图 1-22）。

　　淮扬泰地域传统建筑的主出入口则多位于偏东南角，与主轴线错开，如图 1-23 所示。从自然原因分析，可能是避免因大门直对厅堂的布局加强空气对流，形成所谓的"穿堂风"，江北地区冬季气温寒冷、西北风大，所以建筑的主出入口错开主轴线以避免产生空气对流。久而久之，适应自然气候现象衍变成风水之说，这种建筑格局也成为一种营造习惯而被广泛传承。

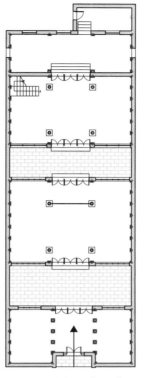

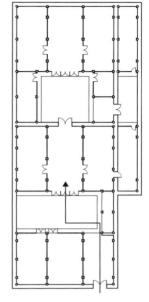

图 1-22　常州青果巷 81 号　　　　图 1-23　扬州东关街 224 号

南通的"钥匙门"入口，则偏在院落的东南或西南侧。钥匙门是南通地方传统院落入口的典型形式，为了防止盗匪轻易找到出入口进入宅院而不临街开门，一般从巷弄引出一条狭长小道连通到院落入口，同时可照顾到院落坐北朝南的传统序列。钥匙门因入口小道空间转折类似古时的钥匙而得名，如图 1-24 所示。

这种做法几乎都是中小户型，其他地区也有，但不叫"钥匙门"，也不是主流做法，基本都是临南北向街巷或受地形限制，因需要保持主屋南北向，出入口只能选择在院落的西侧或东侧，而使入口通道转折，设门位置一般都在自家宅基地的边界，如图 1-25 所示。

江苏的传统建筑一般都不按正南北方位布局。古代从风水的角度解释，正南正北属于八卦方位中的乾坤之势，而"乾坤"在中国传统文化中又代表天地、日月、天下等概念，所以从封建等级秩序的角度而言，一般性的建筑不能按照"乾坤"的概念进行营造，也就是老百姓所说的"压不住"。传统建筑尤其是民居通常采用"偏角"方法，即根据太阳升起的方向进行角度的偏转，俗称"抢阳"。客观上，江苏夏季盛行东南风、冬季盛行西北风，建筑朝向适当偏转有利于消暑避寒。

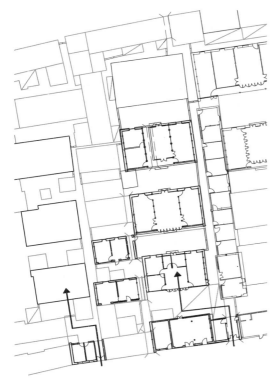

图 1-24 南通钥匙门入口

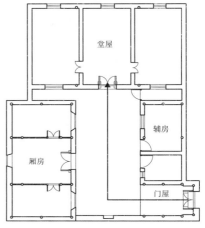

图 1-25 淮安曹云东路民居

六、建筑出入口样式

建筑出入口因建筑形制、地形环境的不同而式样繁多。依照主体建筑功能类型，建筑出入口样式总体上可分为两个大类：公共类，包括府衙、庙宇、宗祠、会馆等的出入口建筑；民居类，包括各类住宅、家祠、私家园林等的出入口建筑。公共建筑出入口尚庄重、隆重，多用等级较高的形制，装饰华丽；民居类建筑出入口多尚简洁、朴实，对外形象含蓄、"不露富"，清中期后富贵之家的出入口也多有豪华繁复的装修做法。

从造型角度，江苏传统出入口建筑可分为墙门、门厅（屋）、排门、门楼四类。

墙门是在建筑外墙或院墙、围墙的墙体上直接开设的洞门，宽度基本都是两个门扇，是最普遍的出入口建筑形式，通常用作小型民居出入口或者大型宅院的辅助出入口。苏南地区的墙门以石过梁门为主，如图 1-26 所示，也有木过梁的类型；苏北地区以砖券门为主，如图 1-27 所示。多进院落中的内外功能分隔处用墙门也较普遍。

图 1-26　石过梁墙门——无锡某民居　　　　图 1-27　砖券墙门——徐州户部山某民居

　　门厅是江苏地区具有典型性的出入口建筑样式，可分为两类：门厅，门屋。门厅用于多进院落的主要出入口，是建筑群的第一进，与建筑群主体的中轴线一致、朝向一致；规制有一间、三间、五间，均为奇数（阳数），不可用偶数（阴数）；应用普遍的是三间门厅，如图 1-28 所示，一间的较少，五间门厅仅在朝廷"舆服制"规定的范围、等级建筑群中可以应用；一间的当中设对门，三间的中间设门，五间的正间和次间设门，梢间一般不设门。

图 1-28　三间门厅——无锡华氏义庄

门屋规制较小，通常就是一间；等级不高，多进院落、重要建筑群的主出入口基本不用门屋；应用普遍灵活，除了礼仪性要求较高的主出入口以外都可采用，尤其在建筑群的东南角、西南角出入口（包括作为主出入口）运用极为普遍，如图1-29所示。

排门主要用于沿街传统工商业建筑、前店后宅型或下店上宅型建筑的铺面部分，极易装拆以方便日常运营的开放式户门，应用覆盖江苏大部分地区，如图1-30所示。

门楼是在墙门上增加了屋顶、披檐、砖雕装饰等。由于其强烈的装饰性和仪式感，通常用于公共建筑群和较大规模的民居，如图1-31所示。

图1-29引自http://travel. qunar. com/p-oi712456 – heyuan – 1 –5? rank = 0
图1-31引自https://www. douban. com/photos/photo/2169786050/

图1-29　一间门屋——扬州何园

图1-31　门楼——扬州湖南会馆

图1-30　排门

表 1-3 公共建筑出入口样式表

建筑类型	门的类型	案例
祠堂	门厅(屋)	  无锡华氏宗祠　　扬州盐宗庙
庙宇	门厅(屋)	  苏州卫道观　　　南通广教寺
府衙、官宅	门厅(屋)	  常州前后北岸道台府 淮安漕运总督府

表 1-4 民居建筑出入口样式表

类型	地域	实例
墙门	太湖、宁镇地域	   南京荷花塘5号　南京刘芝田民居　常州孟河巢渭芳故居   常州赵翼故居　　苏州玉涵堂　　无锡荣巷传统民居
	淮扬泰地域	  仪征市传统民居　兴化市上池斋药店　扬州周恩来少年读书处

类型	地域	实例

墙门　苏北地域

淮安周恩来故居　盐城富安王氏宅　盐城龙岗镇某民居

徐州余家大院　徐州翟家大院　连云港东大街 100 号

门厅　宁镇、淮
扬泰地域

糯米巷 15 号　扬州汪氏盐商住宅　南京大辉复巷 21 号

卢氏盐商住宅　淮安传统民居　扬州传统民居

太湖地域

无锡祝大椿故居　无锡钱钟书故居　常州焦溪东街 37 号

门楼　宁镇地域

南京甘熙故居　木屐巷 5 号　绫庄巷 42 号

类型	地域	实例
门楼	太湖地域	
		薛福成故居　　　焦溪民宅　　　洪亮吉故居
排门		
		南京　　　　　常州　　　　　无锡

七、正厅位置

在传统建筑格局中，正厅（大堂）的位置最为重要，它代表着整个建筑群的礼仪中枢和文化核心，同时也是布局中枢和空间中心。

1. 正厅功能的空间类型

不同规模的建筑群，正厅的空间类型不尽相同。单进和两进的主体建筑一般仅三间，两侧的次间作为卧室或辅助功能，正间或正间的北侧部分用作正厅的功能。三进及以上建筑群，正厅是建筑群的主体，也是其核心建筑；一般三间，多则五间，庙宇、衙署等公共建筑有多达七间，如淮安府衙大堂；极个别的皇帝敕建庙宇有九间的做法，那就属于皇家建筑等级了。

2. 正厅与院落的位置关系

以典型的传统民居五进院落为例，第三进正厅是用来会客和举行家族仪式的场所，其功能性最为重要。五进以上的院落也是第三进为正厅，其余增加的院落都是在卧厅之后，以便于满足居住或其他功能性的需要。多路院落的正厅也一定是位于主轴线上的第三进，是整组建筑群的中心建筑。

三、四进的院落，一般将门厅与轿厅功能合一，正厅位于第二进。所以，在多进院落中，正厅通常是院落的第三进，进数较少的位于第二进。

正厅到门厅之间是公共活动与对外交往场所，其后则是内部活动场所。民居建筑群的正厅后一般都以院墙与内部活动场所分隔。

3. 正厅的朝向

江苏传统建筑群正厅的朝向绝大多数是南向，因为正厅是一组院落中最重要的功能性、礼仪性建筑，地理条件下形成的传统文化观念决定了其南向的布局。

也有一些依地形布局建筑群的地区，依其所在山体的走势或河流的流向，因地制宜布局正厅朝向。如徐州户部山地区的建筑群因山地走势自由布局，常州的焦溪、苏州的周庄等水乡古镇的部分临水建筑群也随河流走向进行朝向的改变。总而言之，无论具体朝向如何变化，正厅位于主轴，其朝向与建筑群的主要朝向一致是不变的规则。

4. 大门与正厅的位置关系

大门与正厅的空间位置关系，可分为平行正对、平行错位、垂直、夹角四种。平行正对关系是江苏多进院落中最为普遍的类型；平行错位和垂直关系主要用在中小型住宅，江北地区常见；夹角关系多因地形、地貌、路口等外部客观条件制约，亦有些案例以传统风水习俗释义，多见于山地、水网地区。

表 1-5 户门与正厅位置关系表

建筑规模	空间位置关系	案例
小型建筑 （5 进以下）	正对	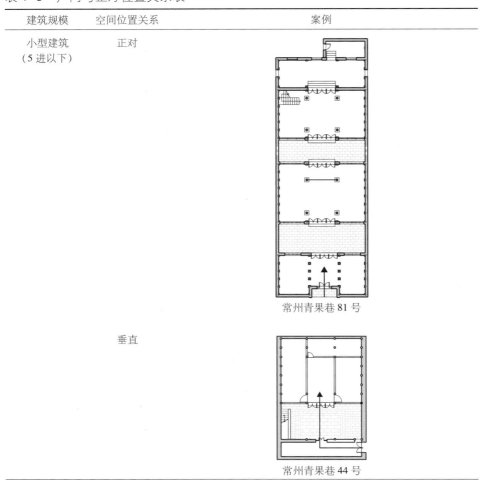 常州青果巷 81 号
	垂直	常州青果巷 44 号

建筑规模	空间位置关系	案例
小型建筑 （5 进以下）	错位	 扬州关东街 224 号
中型建筑 （5 进及以上）		

正对：周庄沈厅　　　　　　　　　错位：扬州新仓巷 62 号

建筑规模	空间位置关系	案例
大型建筑 （多路多进）	正对	 苏州玉涵堂
	垂直	 南通惠民坊西巷某宅
	错位	 扬州小武城巷 8 号

第二节　间

相邻的两榀屋架之间的空间称"间"，也是建筑面宽中相邻两柱之间的距离，中国传统建筑中的一栋单体通常会包含若干"间"。

一、间宽

同一座传统建筑中，各间的宽度不是相等的。一般分为正间、次间、梢间三种宽度，位于当中的正间最宽，两端的梢间最窄，次间的宽度介于正间和梢间的宽度之间，各个次间的宽度基本一致。这样的做法有利于满足建筑物中心功能需求，突出中心空间形象。也有次间与梢间等宽的做法，极少各间等宽。

在传统营造中，间宽尺度受到很多因素的影响，其中最大的影响是用地范围。营建者须先确定建筑用地的边界范围，在此基础上明确大致的间宽比例，即正间与次间、梢间的比例关系；在大的比例关系明确的条件下，先确定正间的具体尺寸，并以正间尺寸为基准，协调次间、梢间的具体尺寸。因此，间宽是传统建筑中一个非常重要的尺度因素，它很大程度上决定了整个建筑的平面规模和构造形式。

除了建设用地，木料也是影响建筑间宽尺度的极为重要的因素。朝廷的舆服制度只规定了各类建筑的间数，"间"的宽度则没有明确的限制。粗壮的木料可承载更大的跨度，如果有能力、有条件获得粗壮木料，则可在规定间数的条件下建设更为宏敞的建筑。此外，地方习俗也是重要的直接影响因素。

从江苏各地传统民居现存实物来看，太湖地域的民居正间尺寸以 3.3～4.0 m 的居多，次间尺寸以 3.0～3.5 m 居多，次间与正间比例多为 0.8～0.9；宁镇、扬淮泰地域的民居正间尺寸以 3.8～4.5 m 居多，次间尺寸以 3.0～3.5 m 居多，次间与正间比例多为 0.8～0.85；南通民居间宽较大，正间能达到 4.0～5.0 m，次间 3.1～3.5 m，次间与正间比例以 0.75～0.88 居多。

特别需要说明的是，现存实物只是历史的一部分，但也是目前能够确认的历史依据；本研究只抽样调查了一部分实物，客观上可以代表一般主流做法，但不是反向排除的标准。间宽最重要的还是在同一座建筑中各间宽度比例的协调关系。

表 1-6　江苏部分地区正间、次间尺寸表

地区	常见次间尺寸	常见正间尺寸	次间：正间的比例
南京、镇江地区	3.0~3.6 m	3.8~4.0 m	0.79~0.90
无锡地区	2.5~3.8 m	3.3~4.2 m	0.75~0.90
徐州地区	3.0~3.6 m	3.1~3.9 m	0.92~0.97
常州地区	3.0~3.2 m	3.3~3.5 m	0.86~0.97
苏州地区	3.0~4.0 m	3.6~4.5 m	0.83~0.88
南通地区	2.6~3.7 m	3.8~4.1 m	0.68~0.90
连云港、宿迁地区	2.4~3.2 m	3.1~4.2 m	0.6~0.77
淮安地区	2.5~3.3 m	3.2~4.2 m	0.78 左右
盐城地区	2.7~4.2 m	4.1~5.1 m	0.66~0.82
扬州地区	2.9~3.4 m	3.8~4.0 m	0.76~0.85
泰州地区	2.8~3.9 m	3.5~4.4 m	0.8~0.88

注：依据江苏省 13 市传统建筑调查资料汇编整理

根据文献资料，江苏地区传统营造尺主要有三种模式：①吴尺，1 尺 = 27.5 cm（常用于苏锡常地区）；②淮尺，1 尺 = 33.3 cm（常用于淮扬泰地域）；③官尺，1 尺 = 32 cm（常用于南京地区）。通盐连徐宿地区用尺模式不详。从下表数据来看，江苏地区的正间取 1 丈 2 尺到 1 丈 3 尺居多，次间取 9 尺到 1 丈 1 尺之间较多。

表 1-7　江苏部分地区营造尺寸转译表

地区	案例	次间-正间-次间（公制尺度 mm）	次间-正间-次间（地区尺度）	地区用尺
南京（城区）	甘熙故居二进	3600-4070-3600	1 丈 1 尺 3 寸-1 丈 2 尺 7 寸-1 丈 1 尺 3 寸	1 尺 = 32 cm
	胡家花园三进	4060-4100-4020	1 丈 2 尺 7 寸-1 丈 2 尺 8 寸-1 丈 1 尺 6 寸	
	评事街 188 号	2250-2500-2250	7 尺-7 尺 8 寸-7 尺	
南京（高淳）	漆桥镇 307 号	3000-4000-3000	9 尺 4 寸-1 丈 2 尺 5 寸-9 尺 4 寸	
	漆桥镇 216 号	3500-3700-3500	1 丈 9 寸-1 尺 6 寸-1 丈 9 寸	
苏州	阊门横街 34 号	3000-3600-3000	1 丈 9 寸-1 丈 3 尺-1 丈 9 寸	1 尺 = 27.5 cm
		3300-3850-3300	1 丈 2 尺-1 丈 4 尺-1 丈 2 尺	
	唐寅故居	3500-4000-3500	1 丈 2 尺 7 寸-1 丈 4 尺 5 寸-1 丈 2 尺 7 寸	
	王铨故居	4020-4530-3750	1 丈 4 尺 6 寸-1 丈 6 尺 5 寸-1 丈 3 尺 6 寸	
无锡	薛福成故居	3850-4200-3550	1 丈 4 尺-1 丈 5 尺 3 寸-1 丈 2 尺 9 寸	
	祝大椿故居	2470-3340-2470	9 尺-1 丈 2 尺 1 寸-9 尺	
	小姜巷传统民居	3540-3480-3200	1 丈 2 尺 9 寸-1 丈 2 尺 6 寸-1 丈 1 尺 6 寸	

地区	案例	次间-正间-次间（公制尺度 mm）	次间-正间-次间（地区尺度）	地区用尺
常州	焦溪东街 37 号	3120-3475-3300	1 丈 1 尺 3 寸-1 丈 2 尺 6 寸-1 丈 2 尺	1 尺 = 27.5 cm
	青果巷曾宅	3030-3480-3030	1 丈 1 尺-1 丈 2 尺 6 寸-1 丈 1 尺	
	青果巷 81 号	3240-3320-3240	1 丈 1 尺 8 寸-1 丈 2 尺-1 丈 1 尺 8 寸	
扬州	汪鲁门盐商住宅三进	3450-4000-3450	1 丈 3 寸-1 丈 2 尺-1 丈 3 寸	1 尺 = 33.3 cm
	汪氏小苑	3170-3720-3170	9 尺 5 寸-1 丈 1 尺 2 寸-9 尺 5 寸	
	逸圃	3100-3900-3100	9 尺 3 寸-1 丈 1 尺 7 寸-9 尺 3 寸	
泰州	税东街明清住宅西路	3900-4400-3900	1 丈 1 尺 7 寸-1 丈 3 尺 2 寸-1 丈 1 尺 7 寸	
	府前街明清住宅	3250-4500-3250	9 尺 7 寸-1 丈 3 尺 5 寸-9 尺 7 寸	
	宫氏住宅东路	3800-4800-3800	1 丈 1 尺 4 寸-1 丈 4 尺 4 寸-1 丈 1 尺 4 寸	
淮安	裴荫森故居	3310-4250-3310	1 丈-1 丈 2 尺 8 寸-1 丈	
	秦焕故居	2745-3650-2745	8 尺 2 寸-1 丈 9 寸-8 尺 2 寸	
	王遂良故居	2700-3600-2700	8 尺 1 寸-1 丈 8 寸-8 尺 1 寸	

注：依据江苏省 13 市传统建筑调查资料汇编整理

二、间数

中国古代传统建筑的间数基本是奇数，尤其是重要的建筑都用奇数，周易中的"奇数为阳、偶数为阴"的思想渗透到建筑营造中，所以传统建筑的间数多为 3、5、7、9；其中以三间为基本，用于一般性建筑；以九间为极阳之数，用于皇家的重要建筑。

1. 奇数间的中轴关系

奇数间的建筑方便形成明确的中轴对称的布局构架，利于区分主次关系，这也是传统礼仪制度的要求，建筑沿中轴线层层排布、等级明确，是对建筑礼仪的重要诠释。即使是后加一间或质量不高的民宅主体建筑有用偶数间数的，仍然是以当中某间为正间形成中轴。现存实例中也有并排四间的建筑，但其结构和空间都是采取 3+1 的形式（见表 1-8）。

2. 间数与礼仪等级的关系

在传统的舆服制度中对于建筑间数的规定有着严格的等级要求，如《明史·舆服志四·室屋制度》中规定："一品二品厅堂五间九架，三品至五品厅堂五间七架，六品至九品厅堂三间七架"，而庶民只能采用"三间五架"的形式。建筑的间数是反映户主身份和官职等级的重要因素。富裕人家为了建筑档次和居住品质的提升，但又限于面宽三间的礼仪制度，通常会用建筑总体格局面阔五间，但只在当中的三间开门，称为"三开间"，套用三间规制形式以获得更好的居住条件。

3. 间数与建筑类型的关系

同一建筑群中的建筑也有等级之分，对应着不同的间数。厅堂是整个建筑群中等级最高的，所以厅堂的开间数一般最多；门屋等辅助建筑一般比厅堂少两间或四间；廊、亭不属于正规建筑，一般不考虑间数和奇偶数等关系。公共性建筑的厅堂一般有五间或七间，如寺庙中的大雄宝殿、府衙中的大堂等；门厅等级低于大堂，通常是三间的形式。园林类建筑没有严格的礼仪要求，建筑间数也较为自由。

表 1-8　民居间数类型表（表格中图纸自绘）

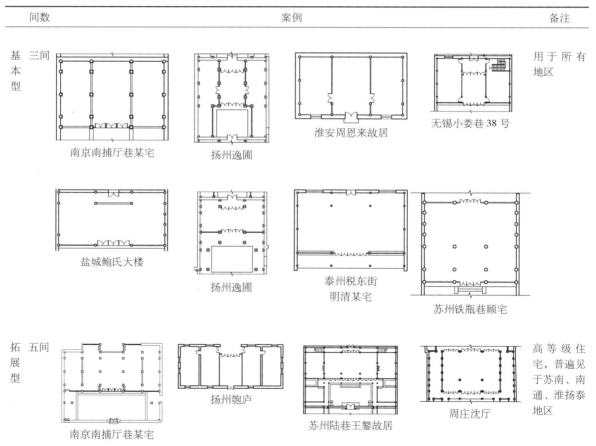

间数	案例	备注
基本型　三间	南京南捕厅巷某宅　　扬州逸圃　　淮安周恩来故居　　无锡小娄巷38号	用于所有地区
	盐城鲍氏大楼　　扬州逸圃　　泰州税东街明清某宅　　苏州铁瓶巷顾宅	
拓展型　五间	南京南捕厅巷某宅　　扬州匏庐　　苏州陆巷王鏊故居　　周庄沈厅	高等级住宅，普遍见于苏南、南通、淮扬泰地区

间数		案例				备注
拓展型	四间	周庄张厅	苏州玉涵堂	苏州钮家巷方宅	泰州四巷陈宅	宁镇、苏南、淮扬、泰、盐连地区
特殊型	七间	无锡钱钟书故居	扬州卢绍绪住宅	苏州忠王府	苏州天官坊旧陆宅	

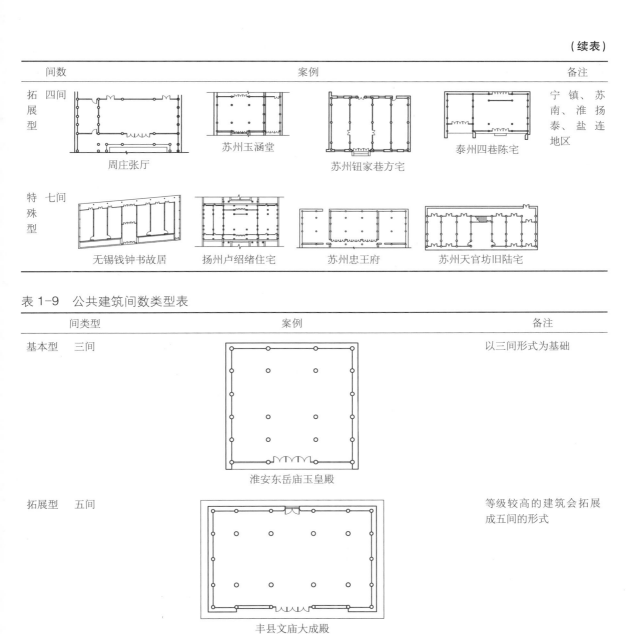

表 1-9　公共建筑间数类型表

间类型		案例	备注
基本型	三间	淮安东岳庙玉皇殿	以三间形式为基础
拓展型	五间	丰县文庙大成殿	等级较高的建筑会拓展成五间的形式
	七间	朝天宫	南京朝天宫、漕运总督署等中央级的衙署

朝天宫

第三节　进　深

进深指建筑前、后边之间的距离，进深大小取决于屋架的构造。本节对进深的阐述包括进深方向的构架样式、进深尺度、梁架等，以及界深、梁长、屋架的形制等。

一、界数

从江苏在明清时期的行政建制来看，南京是明代初期京师，永乐十八年京师北迁后作为南都，保留六部等中央机构，因此南京存有一些高等级建筑；明清两代在淮安（现名）设漕（河）运总督，为从一品、二品，现存府衙大堂；苏州道台为四品；其他地区建制多不超过"府"，按规定只能用"五间七架""三间七架"；而普通住宅只允许用"三间五架"。

"架"为进深方向上檩的数量，按《营造法原》名称，相邻两根檩条之间为"界"，其水平距离即"界深"。江苏计算檩数大多习惯使用"界"的系统，本节亦统一用"界"。横载两界三根檩条者，谓"两界梁"；四界五根檩条者，谓"四界梁"，以此类推。也有一些地区习惯用"架"计数，两界梁称为"三架梁"，四界梁称为"五架梁"。

一榀梁架称"贴"，其中，正间两侧的称"正贴"，山墙部位的称"边贴"，正、边贴之间的都称"次贴"。

江苏传统建筑类型丰富、种类繁多，界数及其搭配更是难尽其详。结合结构特点和应用范围，概略可分为三大类型：基本型、拓展型、特殊型。

1. 基本型

江苏传统建筑的结构最普遍的是四界——对应五架，全省通用，这当然是"舆服制"规定和最大量的建筑为民居所致。四界提供了 4000 mm 左右的室内进深，早期能够满足日常使用；后期由于经济的发展和生活水平提升，居民对室内空间的要求逐渐提高，四界的进深不能满足富裕群体的需求，因此广泛出现了以四界为基本单元往前后拓展进深的做法。

现存的江苏传统建筑中，徐宿地区民居的厅堂用四界进深的较多；其余地区四界进深则多见于余屋、门屋等附属性建筑，柱的组合自由多样，一般与功能空间相结合，如四界三柱、四界四柱等。四界三柱通常用于门屋，中柱落地，前后各接两界梁。四界五柱因多分隔、强支撑的特点，一般用于边贴。另外，金字梁的四界体系可不用内柱（见表1-10）。

表 1-10　建筑界数（基本型）分类表

界数	屋架	案例	备注
四界	四界 两柱	 恽鸿仪故居	门屋、余屋、走廊等附属性 建筑为主
	四界 三柱	 三条营 76 号第一进正贴	多为门屋正贴、边贴。多用 中柱
	四界 四柱	 南捕厅 15 号 A 区第一进正贴	
	四界 五柱	 南京三条营传统民居	用于边贴

2. 拓展型

在四界的基础上，前后各加一至两界也是江苏较常见的形制，即六、八界构架。

六界正贴最常见的做法，即内部使用四界梁，谓之内四界，前后各增一界，形成总共四柱六界的内部形态。这种格局可提供显著宽裕的室内空间，故应用范围非常广，成为江苏地区正厅的主流结构形式，绝大部分地区的现状遗存中仍常见。六界四柱结构形式以四界梁形成无柱的大空间，两根后金柱之间安装屏门（屏风），是为中堂布设位置，亦作为前后空间的分隔。偶有六界五柱的做法。江苏地区直接用六界大梁的情况很少，徐州户部山现存六界大梁案例，南京现存也有六界大梁的正厅，均似受北方官式做法影响，只零星出现。

八界构架常见于苏南地区高规格的厅堂，结构形式主要有八界五柱和八界六柱。一般八界五柱是在前半部分形成无柱的大空间，而后半部分则落柱形成背屏。八界六柱则是形成比较对称的格局。此外也有八界八柱的做法，多在前厅门廊处减少一根落地柱形成轩，如常州筠星堂第二进西次间、恽鸿仪故居中路第三进西次间等。偶见八界九柱的做法，如常州雪洞巷吕宅第三进。有时也调整门扇或背屏的位置，形成不对称的室内空间（见表1-11）。

表 1-11　建筑界数（拓展型）分类表

界数	屋架	案例	备注
六界	六界四柱	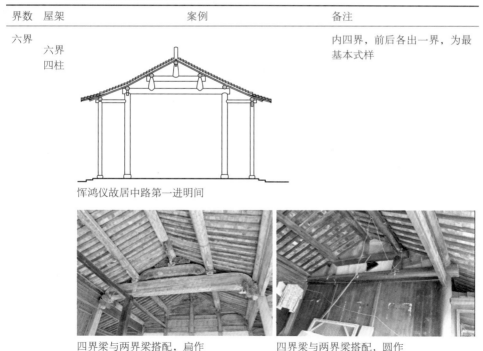　恽鸿仪故居中路第一进明间	内四界，前后各出一界，为最基本式样

四界梁与两界梁搭配，扁作　　　　　四界梁与两界梁搭配，圆作

界数	屋架	案例	备注
六界	六界 四柱	 三条营 78 号第一进边贴	
	六界 五柱	 筠星堂边贴	分布全省，常见于边贴，另见于门屋正贴
	六界 七柱	 筠星堂第一进边贴	只用于边贴，各柱之间用川连接
		 边贴川 巢渭芳故居，边贴川	
八界	八界 四柱	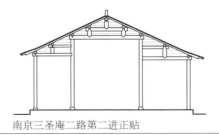 南京三圣庵二路第二进正贴	适用于等级较高的厅堂，常和轩连用

界数	屋架	案例	备注
八界	八界 四柱	胡家花园清远堂	
	八界 五柱	恽鸿仪故居	多用于边贴
	八界 六柱	筠星堂	用于边贴
	八界 七柱	恽鸿仪故居	用于边贴
	八界 九柱	筠星堂	用于边贴

图 1-32　徐州户部山民居金字梁做法

徐州连云港等地区的金字梁屋架（图 1-32）多为六界，但结构体系区别于其他地区的六界屋架，通常室内仅有一根六界大梁，前后支撑于立柱或檐墙；民居建筑中零星可见六界大梁的使用，抬梁式六界大梁较少，金字梁体系中使用六界梁的案例较多，但界深明显小于抬梁式。

3. 特殊型

一般建筑厅堂均为六界到八界，前后对称，也有因地制宜的其他做法，如适用于较大规模建筑的十界以及前后不等坡的七界等。公共建筑如祠堂、寺庙等，建筑等级较高、规模较大，界数也有所增加。现存的如苏州文庙大成殿，使用六界大梁，大殿总进深达十界。常州谢氏宗祠、淮安东岳庙大殿、常州周氏宗祠，也达到十界。苏州玄妙观采用的是殿堂造，内部有六界草架大梁，而大殿总进深达到了十二界，现存特殊大型公共建筑如淮安府衙大堂进深甚至达十四界。

民居常受宅基地的约束和气候条件影响，多地存在不对称步架，某些地区的使用频率甚至高于对称坡。大多数不对称步架是在四界、六界的基础上，前或后一侧加界，以满足不同的功能需要。因为明清传统民居基本为硬山屋面，不等坡无需改变结构关系，故而民居中大量使用不等坡屋面，特别是苏南的乡郊，不对称屋架很常见。

楼宅中也常采用长短坡架构，多是为了围合内院空间。因为楼宅对内和对外的界面处理方式不同，加上前后两种界面的使用方式和高度也不同，因此会产生结构不对称的做法。如常州筠星堂第四进，院内部形成一个较为封闭的空间，楼宅内设前廊，檐口高敞；对外封闭，檐口较低。不对称屋架一般均是前短而后长的不等坡，前短抬高南向建筑檐口，利于通风采光；北、后侧加界加长总界深，既增加了室内空间，也不影响光照。

常用的不对称屋架主要有以下几种：二三长短坡、二四长短坡、三四长短坡，四五长短坡等，长短坡差一般不超过两界，具体根据使用功能和环境调整。这种屋架体系常见于宁镇、太湖、淮扬泰、沿海地域的南部等地区（见表1-12）。

表1-12　建筑界数（特殊型）分类表

类型	界数	案例	备注
超大屋架		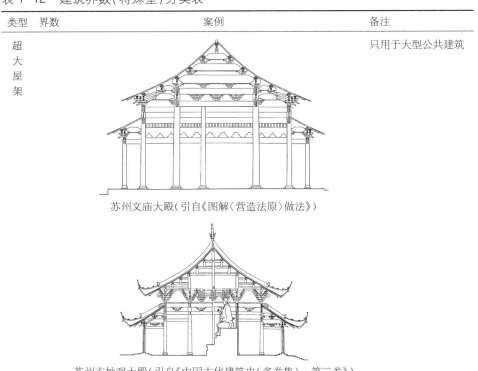苏州文庙大殿（引自《图解〈营造法原〉做法》） 苏州玄妙观大殿（引自《中国古代建筑史（多卷集）·第三卷》）	只用于大型公共建筑
不对称屋架	五界	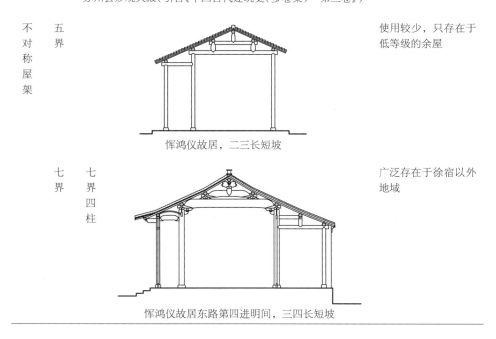恽鸿仪故居，二三长短坡	使用较少，只存在于低等级的余屋
七界	七界四柱	恽鸿仪故居东路第四进明间，三四长短坡	广泛存在于徐宿以外地域

类型	界数	案例	备注
不对称屋架	七界	七界五柱 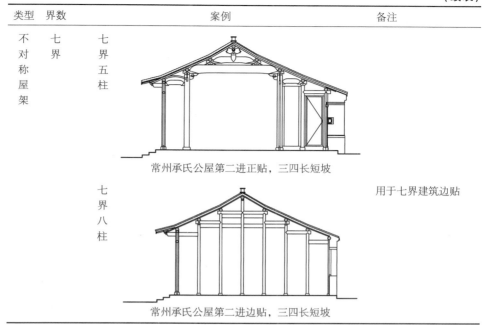 常州承氏公屋第二进正贴，三四长短坡	
		七界八柱 常州承氏公屋第二进边贴，三四长短坡	用于七界建筑边贴

二、界深

江苏传统建筑构架形式多样，除了基本的穿斗和抬梁之外，也有比较特殊的插梁、金字梁等做法。其中抬梁式等级最高，在比较重要、体现等级的位置，均使用抬梁式构架。边贴、次要建筑的构架，一般多用穿斗做法，一是因为没有提供大空间的必要，二来节省材料。各地建筑的界深没有非常显著的差距，考察现状遗存实物，大致 1000~1200 mm，最大的如檐步界深有1500 mm，最少也有 800 mm，个别特例小至 500 mm。其中苏州（图 1-33、34）、扬州等地的界深较大，应与这些地区历史上经济水平较好、富裕居民较多有关，资金充分可选大料。

建筑界深会根据实际情况有一定调整，常常出现一栋建筑之中界深并不完全相同的情况。苏南、苏中等地的脊步界深多在 800 mm 到 1200 mm 之间，上金步、下金步界深在 900 mm 到 1200 mm 之间；而檐步的界深则在 900 mm 到 1500 mm 之间波动。徐宿、沿海（盐城北部）地区步架界深普遍较小，大多为 700~900 mm，最小的仅 500 mm 左右（图 1-35）。

苏南、苏中地区普遍存在檐步界深最大的现象（图 1-36），下金步、上金步、脊步界深尺寸则相差不大，檐步界深与其他步界深比例大概在 1.1~1.2左右，应是由于太湖和沿江地区气候原因，檐界拉长可使举架平缓，利于通风和屋面雨水排远。

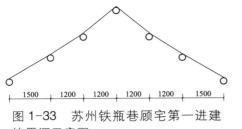

图 1-33　苏州铁瓶巷顾宅第一进建筑界深示意图

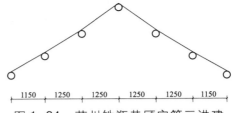

图 1-34　苏州铁瓶巷顾宅第三进建筑界深示意图

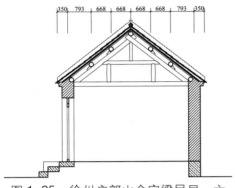

图 1-35　徐州户部山金字梁民居，六界平均界深仅 710 mm

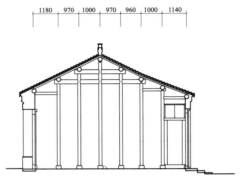

图 1-36　常州礼和堂东路第二进明间，脊步、上金步 970 mm，檐步 1140 mm

界深也受建筑等级影响，一般而言，公共建筑界深长于民居，厅堂界深普遍长于门屋、厢房等辅房（见表 1-13）。

表 1-13　各地建筑各步界深表

地域	脊步界深（mm）	金步界深（mm）	檐步界深（mm）
宁镇	800~1200	900~1200	900~1500
太湖	800~1200	900~1200	900~1500
淮扬泰	800~1200	900~1200	900~1500
南通	950~1200	950~1200	950~1200
沿海	700~900	700~900	700~900
徐宿	700~900（最小有 500）	700~900（最小有 500）	700~900（最小有 500）

三、轩

轩，在建筑中本指檐廊部分的空间，在营造中也专指建筑局部相对独立的双坡内屋面单元，因其所在位置而各有具体名称：用于室外檐廊部分的叫"廊轩"；用于室内，内四界前的叫"内轩"，内四界后的叫"后轩"；两个及以上"轩"连续使用的叫"重轩"，室内屋顶全部用轩的做法叫"满轩"。以构架高度关系区分，有抬头轩、磕头轩、半磕头轩。

轩常用于划分内部空间、提升建筑品级、协调过渡大型建筑内部高空间等。轩的制作一般较为精致，除徐州、宿迁、连云港等寒冷地区外，其他地区厅堂普遍使用轩。

　　江苏地区轩的做法种类很多，可根据《营造法原》概括。轩的位置同厅堂的顺身方向，与内四界大梁同在一个屋面时，轩梁底与大梁底相平称为抬头轩，抬头轩需要在内四界架设重椽，安放草架；如果轩梁底低于大梁底则称为磕头轩；也有四界大梁高于轩梁、低于轩顶的做法，内四界与轩的屋面高度不同，仍用重椽及草架的，就称为半磕头轩。磕头轩、半磕头轩都须在内侧枋上设遮轩板，以遮草架(见表1-14)。

表1-14　轩分类表(按构架高度关系)

名称	案例	特征
抬头轩	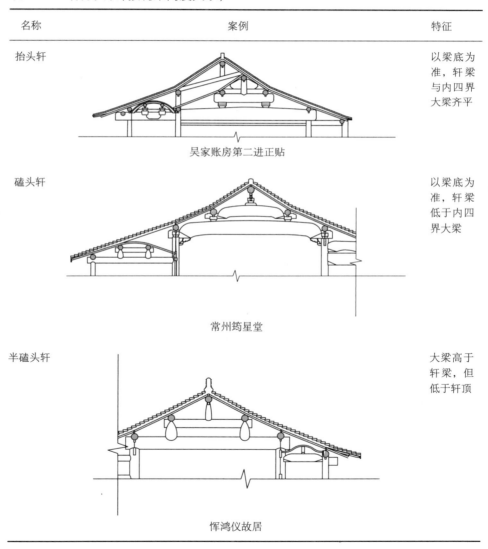 吴家账房第二进正贴	以梁底为准，轩梁与内四界大梁齐平
磕头轩	常州笃星堂	以梁底为准，轩梁低于内四界大梁
半磕头轩	恽鸿仪故居	大梁高于轩梁，但低于轩顶

图 1-37 轩名称图解

《营造法原》记述："扁作厅有于轩之外复筑廊轩，而圆堂则无""厅堂内四界之后，间有筑后轩者，然以双步为常见"。意为廊轩都在四界梁之前；内轩位于室内，最外的是廊轩，次外的是内轩，后轩在四界梁之后（图 1-37）。廊轩最常用，要求轩椽弯势较浅，常用样式为一枝香轩、弓形轩、茶壶档轩；内轩较深，多用船篷轩、鹤颈轩、菱角轩、海棠轩。南京地区沿内秦淮河分布的河房通常面河筑轩，以灰空间形成房屋与河道之间生动活泼的互动关系。太湖地域也多有厅前厅后双轩和满轩的做法，一般用于高等级厅堂（图 1-37、表 1-15）。

表 1-15　轩分类表（按位置）

按位置分类	案例	备注
廊轩		除徐州、宿迁、连云港外广泛使用

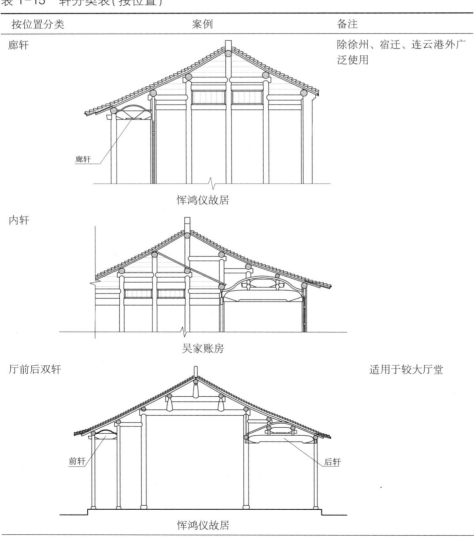

恽鸿仪故居

内轩		

吴家账房

厅前后双轩		适用于较大厅堂

恽鸿仪故居

按位置分类	案例	备注
满轩		高等级厅堂

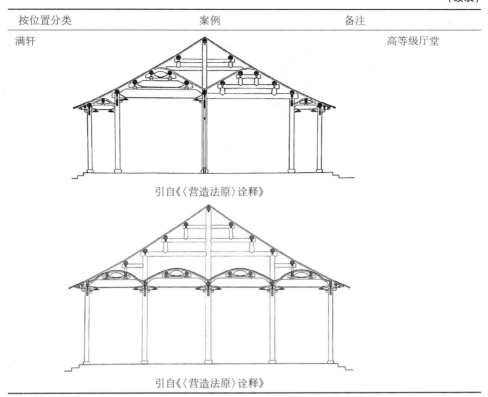

引自《〈营造法原〉诠释》

引自《〈营造法原〉诠释》

普通民居的廊轩进深较小，一般仅三尺半到四尺半进深（约1000~1250 mm），跨度较大的廊轩和内轩多在当中增设轩桁，进深加大到四尺半到五尺半（约1250~1500 mm）。其他形式的轩，轩桁增为两条，进深相应扩至六尺到八尺（约1650~2200 mm），最大的甚至可达到一丈左右（约2750 mm及以上），如此大进深基本都只用于内轩。

四、厅前廊

厅前廊一般用在六界及以上规模之房屋，门扇装于金柱的位置，则自然隔出前廊。若三间都有前廊则称"通廊"，可形成檐下灰空间，有助于交通及空间变化。厅前通廊多见于苏南地区的厅堂，大多用轩，进深一般为一界，等级较高者为两界，形成宽敞的前廊空间。如果有厅前廊，位于金柱的门扇多为内开。

南通、淮扬泰地域及沿海地域常常仅将房屋正间门扇设于金柱位，其余开间窗扇位于檐柱位，由此形成单间凹廊，如淮安秦焕故居等。不同于厅前廊，凹廊之门一般为外开（表1-16）。

表 1-16　厅前廊分类表

分类	案例
通廊	 淮安刘鹗故居画杉大厅
凹廊	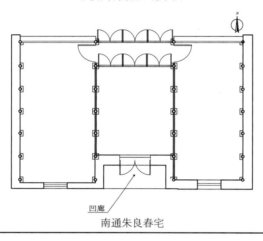 凹廊 南通朱良春宅

第四节　院　落

由院落串联组合形成建筑群是中国建筑的重要特色，但不同地区的院落各有特点。江苏的建筑院落也独具一格，院落的尺度、形貌，建筑物与院落的关系、比例等很多方面都体现出各自地域的自然特色和营造特点。

一、院落尺度

总体而言，因为不同纬度的太阳高度角的差异，江苏北部的院落较为宽敞，屋顶多不相连，院落进深大于或等于建筑进深，较为疏朗；南方院落则较小，屋顶多相互连接，常见二合院，前后为建筑，两旁为院墙，院落多呈沿中轴线方向较短的扁方形状（表 1-17）。

表 1-17　院落尺度分类表

地域	案例	院落长宽比	南侧建筑檐高/院落进深
宁镇	南京饮马巷	2：1～1：1	1：1～1：2
太湖	常州青果巷礼和堂	2：1～1：1	1：1～1：1.5
淮扬泰	扬州盐宗庙	3：1～1：1	1：1～1：2
南通	如东某民居	3：1～1：1	1：1～1：2
沿海	盐城安丰镇钱乾故居	1：1～1：1.5	1：1～1：3
徐宿	徐州户部山某民居	1：0.9～1：1	1：2～1：4

苏南之院落面阔基本等于建筑面阔，进深一般不超过 10 m，大多在 3～7 m 之间，随用地条件、建筑功能而调节。据现有遗存调查数据统计，院落面阔与进深比值一般为 2∶1～1.5∶1，等级较高厅堂前院落可近 1∶1 的正方形，但基本没有进深大于面阔的做法。若建筑前有厢房，围成的小院落为近似正方形的扁方形，但仍是面阔稍大于进深。淮扬泰地域与苏南地区相仿，常形成面阔与进深比近乎 2 的扁方形窄院。随太阳高度角变化，院落进深也理所当然呈现由南向北逐渐加大的态势。

苏南和扬州多有蟹眼天井（图 1-38）做法，在正厅和其后隔墙之间、次间之后设置两个狭小天井，一般宽仅一米左右，长两三米。蟹眼天井既有助于正厅的通风采光又兼顾偏房和避弄的通风采光，也加强了内外活动区域之间的过渡和艺术效果。

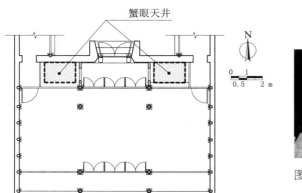

图 1-38 蟹眼天井

徐州、宿迁等地民居的院落和苏南及淮扬泰地域有明显差异，院子是包围着建筑的近正方形空间，极少出现扁方形。布局特点是几座建筑分布在院内，而不似苏南等地那样以建筑为主围成院落。由于这样的形象特点，院落也不被称作南方常用的"天井"。

不同于民居院落，衙署、祠堂、寺观等公共建筑由于等级较高、面积较大，同时更加强调礼仪制度，多以配殿、回廊、钟鼓楼（亭）等形成宽敞气派的公共院落空间序列，烘托出主殿的地位及气势，如无锡昭忠祠（图 1-11）等。

二、院落附属建筑

各类院落附属建筑与所在地的气候、经济、习俗等种种原因相关，体现出当地院落的特点，也是各地不同营造思路的反映。

1. 廊

院落内用廊多见于苏南地区，一般与正厅的厅前廊相连，院落两侧或三面环廊。廊子多为一至两界，两界进深的外侧为院墙，一界进深的外侧有院墙或厢房、下屋。

2. 走马楼

走马楼常见于苏南地区，无锡谓之"转盘楼"，即为南北两座楼房相对，东西两侧以厢楼或走廊围合，一般都是二层，偶有主屋三层；楼房均内向开窗，形成天井。走马楼常见于规模较大楼宅，做工精美。一些行帮和地区的会所也常用走马楼做法，主入口建筑上为戏台、下为通道，因公共性活动需要而院落进深加长，因财力雄厚而更加华丽。

3. 厢房

苏南、淮扬等地区的厢房的屋面多与主体建筑相连，形成曲尺形或 U 字形，厢房屋面单坡、双坡都有，但主朝向皆向内院。苏北地区如徐州、宿迁、连云港等，建筑用地宽敞，正房和厢房以单层为主，各自独立，屋顶不相连，以使建筑获得更好的光照条件，院落尺度和布局形态与江苏南部典型的天井式院落风格迥异，而与鲁南地区高度相似。

4. 避弄

苏南及淮扬等地的多进院落中，往往在主体院落之外、贴主体建筑修建一条宽 1~2 m 的小巷道，上有屋顶，称为"避弄"，宁镇地区亦称"避火弄"。避弄串联两侧院落，平行于主流线而少交叉，也有端头设小门作为建筑群的次要出入口，其主要功能为家眷、佣人等日常起居活动的辅助通道(见表 1-18)。

表 1-18　建筑院落常用附属建筑表

名称	图解
廊	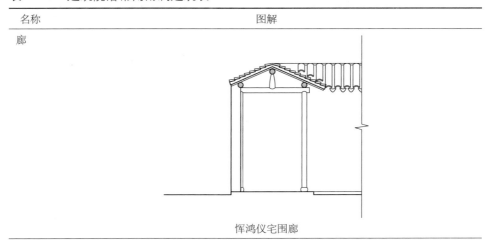

恽鸿仪宅围廊

名称	图解
走马廊	陆定一故居转盘楼
厢房	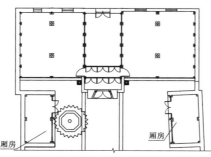焦溪承氏公房
避弄	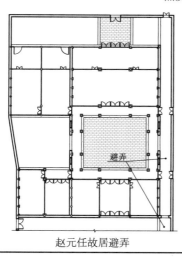赵元任故居避弄

第二章 剖 面

第一节 屋架坡度

本节简要阐释江苏传统建筑屋面坡度的营造方法，即"举折""举架""提栈"；同时对各地域传统建筑屋面坡度及其营造算法进行总结归纳，以探究地域特征。传统建筑屋面坡度有明显的地区差异，主要是各地气候条件、地方习俗和建筑行帮技术体系等方面综合影响的结果。总体而言，直线屋面主要在徐宿、沿海、淮安地区，曲线屋面主要在苏南、淮扬泰、南通及盐城中部等地区；因营造算法的时代、地区差异，曲线屋面又有缓陡程度的不同。

一、举架

屋面沿纵剖面方向坡度的形成是传统建筑屋面的关键工艺，坡度计算方法多样、各有称谓，宋《营造法式》称为"举折"，清工部《工程做法则例》称"举架"，以"香山帮"技艺为主的《营造法原》称之为"提栈"。这三个基本概念释义见下表。

表 2-1 名词对照表

名词	定义	主要使用年代和地区	计算方式
举折	宋《营造法式》记载，"举"为檐檩顶面到脊檩顶面的总高度，"折"就是各檩顶面之间形成的折线，为先定举、后折屋之法	明代及以前；沿江地区，江南为主	自上而下，先定屋面总高度，把房屋的水平进深分为若干份椽架，其中自屋脊以下的第一椽架，按总举高尺寸，以每尺减少一寸(1/10)①
举架	清工部《工程做法则例》记载，以檐檩为基点，逐步架上举	清代至民国；全省，江北为主	自下而上，先定檐檩高度，每一界高度逐渐加高，檐步架通常为五举，飞椽为三五举

---

① 祝纪楠，《〈营造法原〉诠释》，详见书中第30页，"按照《营造法式》的屋面举折的方法是先定屋面总高度为'举'，即是从檐檐枋的顶面到屋脊'脊槫'(脊桁)的顶面为总高度，然后把房屋的水平进深分为若干份'椽架'(桁距)，其中自屋脊以下的第一椽架，按总举高尺寸，以每尺减少一寸(1/10)"。

名词	定义	主要使用年代和地区	计算方式
提栈	《营造法原》记载，为地方叫法。提栈的表面字义可能基于定侧与抨绳②	清晚期至民国；苏南地区，主要太湖地域	与举架做法相近，起算以房屋的界深尺寸为基数③

宋"举折"算法为先定举后定折，是从整体到局部的过程；清"举架"算法则是将举和折一次完成，《营造法原》的"提栈"也是将举和折一次完成，均是从局部到局部的过程。但如朱光亚先生在《探索江南明代大木作法的演进》文中所言，"屋面举折形式本来就是依建筑物种类不同而呈多种变化。在中国建筑史上一种作法从成熟到消亡是一个相当漫长的过程，一般不会随朝代更迭而突变；几种作法并存是屡见不鲜的"。在文中朱光亚先生也提出了常州保和堂和常熟彩衣堂两个案例相反的情况，"其举高同前后檩距之比已远离四分之一这样一种整数比值，而各步架的坡度却相反，由远离而变为接近《营造法原》所述厅堂'七界提栈用三个'，并分别接近'五算、六算、七算'这样一种整数比关系。这便是另一种举折方法——将某一步架以致各步步架的坡度固定为整数比而不顾及整个屋面的高跨比是否突破一比四这一限制"。

明代已出现了类似"提栈"的做法，"折"与"算"也没有明确的年代分界，因此将明代木构坡度定义为"折"、清代木构坡度定义为"算"只是概略大势。由于《营造法原》对过去做法进行了不少总结，且对江苏晚期传统建筑营造影响最深，为便于进行比较，本书统一采用《营造法原》中的"算"作为屋面坡度的计量单位。

江苏传统建筑坡度总体分布特征与地理位置密切相关，表现出比较明显的区域差异。大体可分为南北两种区域特征，太湖、宁镇、淮扬泰、南通等地区传统建筑屋面使用举架做法，形成曲线型屋面，明代中期及以前建筑因用举折而曲率更大。徐宿、连云港、盐城等北部地区屋面通常不用举架做法，形成直线型屋面（图 2-1）。通过对江苏各市传统建筑屋面部分调查数据的统计整理，归纳江苏传统建筑屋面做法的一般特征及典型算法，见表 2-2。

---

② 姚承祖，《营造法原》，详见书中第 12 页，"朱桂辛先生谓'提栈之名意，或基于定测与抨绳'，甚有意也"。

③ 姚承祖，《营造法原》，详见书中第 12 页，"提栈计算方法，与工程做法所述相似，均自廊桁推算至脊桁，唯其起算方法各异，其法先定起算，起算则以界深为标准"。

表2-2 典型屋面做法

屋面算法	一般特征	常见区域及其典型算法
举架做法	① 屋面曲率较小，曲线较为均匀； ② 受步架数量影响不大，每界屋面坡度差固定，按每界半算或一算提升； ③ 屋架常用架数为五架、七架、九架，七架最为常见； ④ 檐步起算有地区差异，集中在四算至五算间； ⑤ 盐城中南部地区算法较为特殊，起算常见三算半，每界一算半提升，屋面较陡	① 淮安、泰州：五算-六算-七算（图2-2、3）； ② 南通、扬州：五算-五算半-六算（图2-4、5）； ③ 苏南：四算半-五算-五算半（图2-6、7）； ④ 盐城中部、南部：三算半-五算-六算半（图2-8）
无举架做法	① 屋面呈一整体斜面 ② 屋面坡度与步架数量无关 ③ 常见架数为七架 ④ 屋面常见坡度为7算，即倾斜角度为35°	徐宿、盐城北部、连云港：七算（图2-9）

淮安、泰州地区提栈常见算法

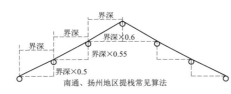

南通、扬州地区提栈常见算法

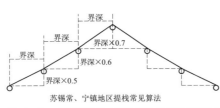

苏锡常、宁镇地区提栈常见算法

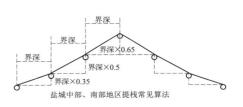

盐城中部、南部地区提栈常见算法

徐宿、连云港、盐城地区直线屋面做法

图2-1 江苏省传统建筑屋面举架常见算法

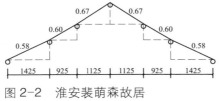

图2-2 淮安裴萌森故居
第二进屋面举架

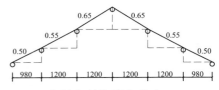

图2-3 泰州府前街明代住宅
屋面举架

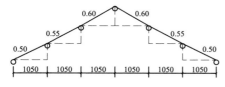

图 2-4　扬州传统民居屋面举架

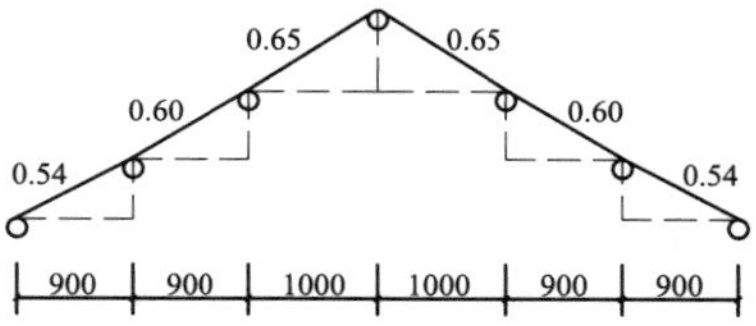

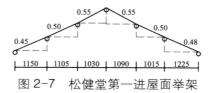

图 2-5　南通大小巷明清民居
3 号建筑屋面举架

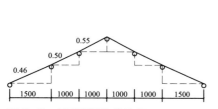

图 2-6　无锡薛福成故居
门屋屋面举架图

图 2-7　松健堂第一进屋面举架

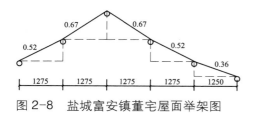

图 2-8　盐城富安镇董宅屋面举架图

图 2-9　无举架屋面做法示意图

二、金字梁体系的屋架坡度

"金字梁"因其屋架轮廓结构类似汉字"金"而得名，构件包括大斜梁、大横梁、小横梁、上童柱和下童柱。江苏省内的金字梁体系主要分布在徐州、宿迁、连云港及盐城北部地区，呈现了地处苏北鲁南文化圈的形制特征，但徐宿与连盐两地区的做法也有些许差异。

徐宿地区地处木材较为紧缺的黄淮海平原，传统建筑常采用金字梁架作为屋面结构，以减省木料，但多普遍用于厢房、倒座房、过道、配房、库房等次要建筑（图 2-10）；厅、堂等重要建筑仍多采用抬梁式屋架，抬梁屋架同样不做举架，坡面仍呈一整体斜面，以保持建筑群的整体风格一致。

盐城北部地区清末民初人口多由淮安和连云港移民而来，因此其传统建筑受淮安、连云港地区的建筑风格影响较大，多采用金字梁屋架结构（图 2-11）。盐城中南部因与苏州、扬州等地交往较多，屋架也多采用抬梁与穿斗相结合的构架形式。

图2-10 徐州翟家大院厢房金字梁　　图2-11 连云港登封侯府厢房金字梁

徐宿地域与沿海地域金字梁架的差异在于三角梁架顶端相交节点的不同。徐宿地域多采用"斜梁承脊檩"，即两斜梁交叉后，将脊檩置于其上，童柱与脊檩不接触；沿海地域多为"童柱承脊檩"，即童柱直接承接脊檩，两斜梁分别插入童柱内（图2-12）。

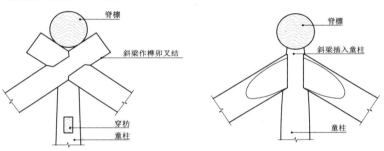

图2-12 两种金字梁做法对比

第二节 高 度

高度为建筑物某点距离定义的正负零平面的垂直距离，如建筑物总高、某部位高度。高度直接影响建筑物的立面形貌、空间观感等，也与建筑的等级、选材、用料等息息相关。除了规定性强制因素，相关部位的习惯高度也是当地气候、日照等自然条件下逐步形成的建筑营造取向。

本章探讨檐柱、檐口、室内净高、脊身、门槛和台基六个控制性高度，以分析比较江苏各地域传统建筑在高度方面的一般特点。

一、檐柱高度

1. 常见檐柱高度

江苏大部分传统建筑皆用提栈做法，如上文所述，"提栈"与"举架"

相似，"自廊桁推算至脊桁"，自下而上，先定檐桁高度，每一界高度逐渐加高，从而形成屋面曲线的算法，因此檐桁高度是影响建筑各类高度的第一要素。但桁条尺寸受用材、开间影响较大，存在较大不确定性，因此本研究中取檐柱高度(即檐柱上桁条的下皮高度)，作为影响建筑高度的第一要素。

需要特别说明的是，本研究主旨在于给传统建筑行业的各类人员提供参考，但江苏传统建筑数量巨大，研究案例无法穷尽。本节的"檐柱高度"与"檐口高度"是基于研究团队搜集到的资料进行的统计梳理，表格内的数值不是标准尺寸，而是案例中最常见的尺寸。

表2-3　江苏省各地域门屋檐柱常见高度

地域	常见檐柱高度	剖面图例
淮扬泰	3.1 m	
南通	2.8 m	
太湖	3.5 m	
宁镇	3.1 m	

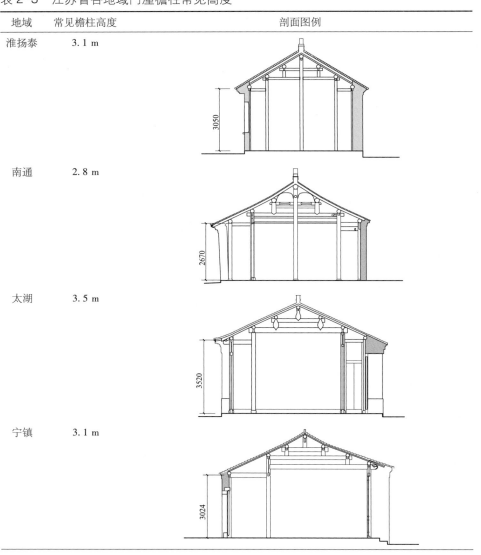

地域	常见檐柱高度	剖面图例
沿海	2.8 m	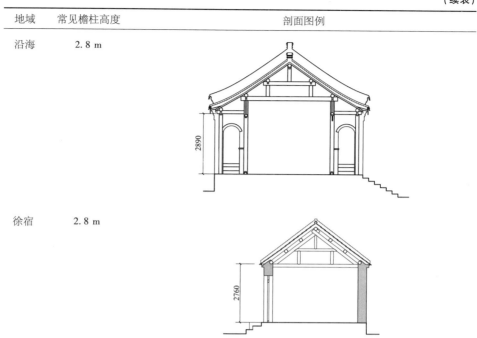
徐宿	2.8 m	

表 2-4　江苏省各地域厅堂檐柱常见高度

地域	常见檐柱高度	剖面图例
淮扬泰	3.3 m	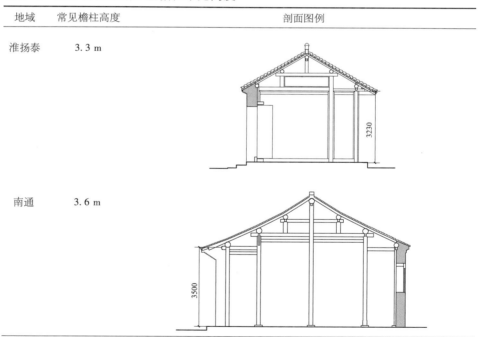
南通	3.6 m	

地域	常见檐柱高度	剖面图例
太湖	3.9 m	
宁镇	3.3 m	
沿海	3.4 m	
徐宿	3.2 m	

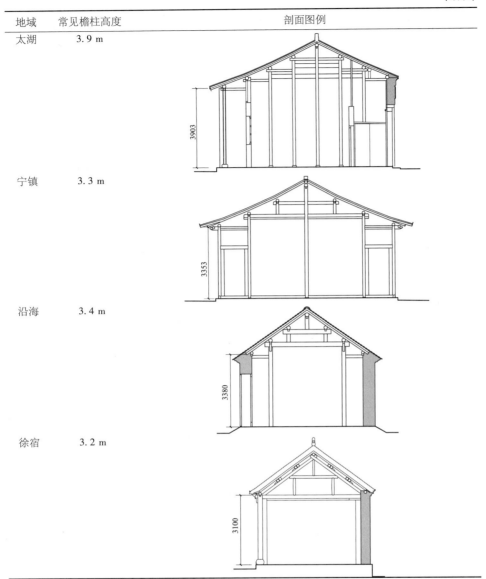

比较以上数据说明：门屋檐柱高度普遍低于厅堂；沿海、徐宿地域的檐柱高度较低，太湖地域普遍较高，宁镇、淮扬泰、南通地域的檐柱高度则介于两者之间。

2. 檐柱高度与正间开间宽度比例关系

门屋的檐柱高度与正间开间宽度比为 0.68~0.82。

厅堂的檐柱高度与正间开间宽度比为 0.72~1。

檐柱高度与正间开间宽度的比值，南方地区略高于北方地区，但差别不是很明显。

表 2-5　门屋檐柱高度与正间开间宽度比例关系

地域	檐柱高度与开间宽度比例关系
淮扬泰	淮安、扬州：约为 0.82 泰州：约为 0.68
南通	约为 0.68
太湖	约为 0.80
宁镇	约为 0.82
沿海	约为 0.68
徐宿	约为 0.70

表 2-6　厅堂檐柱高度与正间开间宽度比例关系

地域	檐柱高度与正间开间宽度比例关系
淮扬泰	淮安、扬州：约为 0.88 泰州：约为 0.77
南通	约为 0.72
太湖	单层厅堂：约为 0.98； 楼厅：一层约为 0.80，二层约为 0.70
宁镇	约为 0.85
沿海	约为 0.85
徐宿	约为 1.00

二、檐口高度

1. 常见檐口高度④

确定檐柱高度是传统建筑立面形成的第一步，但檐口高度才是立面最直观的表征。檐口高度是在檐柱高度、桁条尺寸、出檐深度、提栈算例、相关构件接触面关系等多因素影响下形成的，是立面设计中的重要控制尺寸之一。

本研究试图整理出能指导相关从业人员的参考数据，因此本章罗列了各地域实例中的最常见檐口高度。但传统建筑类型多样、数目众多，个体数据不能代表全部，并且檐口高度受多种因素影响，存在不确定性，实际应用中需视总体效果矫正协调。

基于现有数据分析，门屋檐口高度常见范围为 2.7~3.2 m，其中南部地区门屋檐口普遍高于北部地区，太湖地域门屋檐口最高。

---

④ 本文所述檐口高度为室内地坪至勾头瓦件上皮高度，以屋檐顶标高计，室内地坪为正负零平面。

单层厅堂建筑檐口高度常见范围为 3.2~3.5 m，二层楼厅建筑檐口高度常见范围 6~7 m，其中南部地区厅堂建筑檐口普遍高于北方地区，同样是太湖地域厅堂檐口最高。

宁镇、太湖地域传统建筑的檐口高度普遍高于檐柱高度，高差不超过 2 个檩径；沿海地域传统建筑的檐口高度则普遍低于檐柱，高差也在 2 个檩径以内；徐宿地域檐口高度则高于檐柱高度。其中盐城、连云港、徐州、宿迁等地区的檐口与檐柱的高差普遍较大，与该地区建筑采用金字梁架等做法直接相关。

表 2-7 江苏省各地域典型门屋檐口高度

地域	最常见檐口高度	与檐柱的高差
淮扬泰	3.2 m，9 尺 6 寸	高于檐柱高度，高差 1 个檩径内
南通	2.7 m，	低于檐柱高度，高差 1 檩径内
太湖	3.5 m，1 丈 3 尺	高于檐柱高度，高差 1 檩径内
宁镇	3.2 m，1 丈	高于檐柱高度，高差 1 个檩径内
沿海	2.7 m，8 尺 1 寸	低于檐柱高度，高差 1 个檩径内
徐宿	3.2 m	高于檐柱高度，高差 1~2 个檩径

表 2-8 各地域典型厅堂檐口高度

地域	最常见檐口高度	与檐柱的高差
淮扬泰	单层 3.2 m，9 尺 6 寸； 二层 5.5 m，1 丈 6 尺 5 寸	低于檐柱高度，高差 1 个檩径内
南通	单层 3.5 m	低于檐柱高度，高差 1 个檩径内
太湖	单层 4 m，1 丈 4 尺 5 寸； 二层 6 m，2 丈 1 尺 8 寸	高于檐柱高度，高差 1 个檩径内
宁镇	单层 3.5 m， 1 丈 9 寸； 二层 5 m，1 丈 5 尺 6 寸	高于檐柱高度，高差 1 个檩径内
沿海	单层 3 m，9 尺	低于檐柱高度，高差 2~3 个檩径
徐宿	单层 3.5 m	高于檐柱高度，高差 1~2 个檩径

2. 厢房/辅房与正厅的檐口高度关系

苏北地区正厅前常设独立厢房，厢房与正厅建筑不连接、屋面不相交，厢房室内地坪高度普遍低于正厅室内地坪高度或与之齐平，厢房檐口高度低于正厅檐口高度(图 2-13、14)。

太湖、宁镇地域民居的厢房屋面通常与正厅屋面互相连接，且厢房室内地坪高度低于或与正厅室内地坪高度一致，厢房檐口高度与正厅檐口高度平齐(图 2-15)。

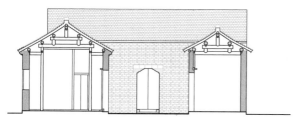

图 2-13　淮安曹云东路某民居

图 2-14　连云港城南某民居

a　常州进士厅第二进剖面

b　南京三条营清代民居剖面

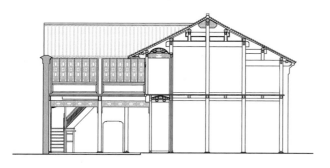

c　南京饮马巷民居剖面

图 2-15　江苏省民居类传统建筑厢房檐口高度与正厅檐口高度一致的部分案例

太湖、宁镇地域祠堂、寺庙类等级较高的公共建筑，正厅前厢房室内地坪高度普遍低于正厅室内地坪高度，厢房檐口高度亦低于正厅檐口高度。比如常州吕宫府第二进两侧厢房，其檐口显著低于楼厅檐口（图 2-16）。

3. 公共建筑与传统民居的檐口高度关系

因等级、体量差异，祠堂、庙宇等高等级公共建筑檐口高度普遍高于传统民居的檐口，一般在 3.3~4.2 m，高等级殿堂可达 4.5 m。如镇江定慧寺天王殿檐口高度达 4.29 m，远大于民居高度（图 2-17）。

图 2-16　常州吕宫府第二进正厅剖面图

图 2-17　镇江定慧寺天王殿剖面

4. 传统建筑前檐与后檐的檐口高度关系

江苏传统建筑常见不等坡屋架，多见于门屋和正厅。

门屋建筑前檐檐口多数低于后檐檐口，因宅院前门对外较为封闭，而后檐面对宅院需要宽敞，方便采光。

正厅建筑前檐檐口多高于后檐檐口，前檐较高使正厅更有气势，采光更充足，后檐面对蟹眼天井、墙门等尺度较小的环境，较低的檐口更宜与周边的尺度协调。

三、室内净高

因为木构架和坡屋面的特点，传统建筑的室内净高与多种因素相关。从建筑整体构架来说，屋面坡度缓的室内高度较低，采用草架和轩也降低室内净高；正贴梁架形式、构架高度、吊顶等，都会影响室内净高。现以正间为例，从不同角度探讨影响室内净高的因素。

1. 以廊川或双步梁下皮高度为室内净高

传统建筑正贴前后檐步处常设廊川或双步梁，其下皮位置为室内净空高度的最低点，可视为室内净高，常见高度在 2.7~3.3 m。

表 2-9　江苏省各地域廊川下皮的常见高度

地域	常见廊川下皮高度	剖面图例
淮扬泰	2.9 m	2978

地域	常见廊川下皮高度	剖面图例
南通	2.8 m	
太湖	3.3 m	
宁镇	2.8 m	
沿海	2.7 m	

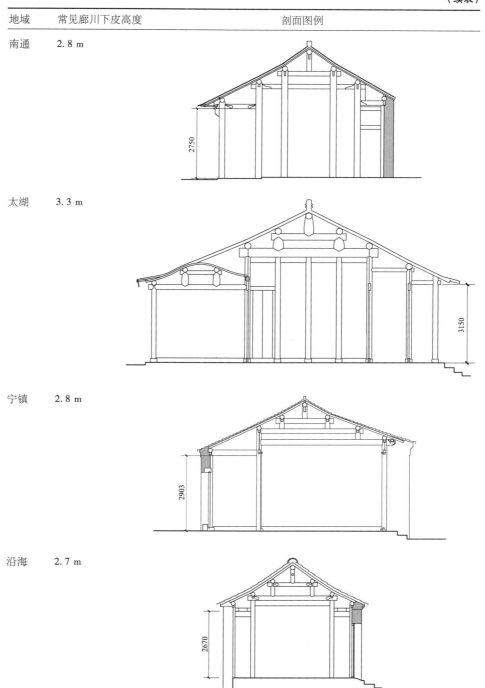

2. 以金字梁架大横梁下皮高度为室内净高

徐宿、沿海地域的次要建筑中常使用的金字梁架，其大横梁下皮位置为室内净空高度的最低点，可视为室内净高，常见高度约 2.8 m（图 2-18）。

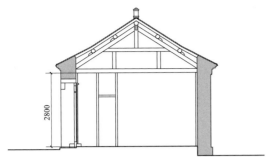

图 2-18　徐州户部山户南巷民居剖面

3. 以轩梁下皮高度为室内净高

太湖等地域等级较高的民居和祠堂、衙署、坛庙等公共建筑群中，厅堂的前、后部位常使用轩。用磕头轩做法时，轩梁下皮高度为该建筑室内净空高度的最低点，可视为室内净高（图 2-19）。

常见轩梁下皮高度：太湖、南京地区的轩梁下皮高度约为 3.6 m ~ 4 m，个体差异较大；淮扬泰地域的轩梁下皮高度约为 3.2 m。

4. 以四界梁下皮高度为室内净高

四界梁基本都用在建筑的空间中心、功能核心位置，此处的尺寸、尺度对建筑的影响意义最为重要。有的建筑室内设吊顶天花（图 2-20），通常也与四界梁相接。因此四界梁下皮高度也可视为室内净空高度，而且一般应作为优先考虑的净空高度。

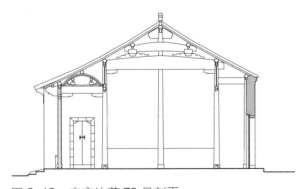

图 2-19　南京边营 73 号剖面

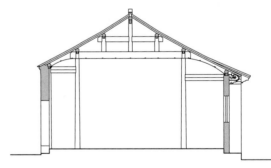

图 2-20　南京室内弧形天花案例

表 2-10 江苏省各地域四界梁下皮的常见高度

地域	常见四界梁下皮高度	剖面图例
淮扬泰	3.3 m	
南通	3 m	
太湖	3.7 m	
宁镇	3.4 m	
沿海	3.1 m	

四、脊身高

屋脊除了防水、保护脊檩、加固屋面的作用以外，还有显示屋主身份地位、避害求吉的社会心理功能，通过屋脊的类型、高矮等进行等级区别。《营造法原》把屋脊顶部盖头灰面至攀脊上皮的距离作为脊身高度，本研究采用这个定义。

1. 传统民居中常见屋脊做法的脊身高度

屋脊的瓦条数量与传统民居的脊身高度最为相关，下表根据屋脊瓦条数量列举了最常见的脊身高度区间范围。

表 2-11 传统民居脊身高与瓦条数量关系表

瓦条数量	脊身高(不含脊头)		常见地区与常用建筑
	常见值	区间值	
无瓦条(图 2-21)	120 mm	120~180 mm	较低等级民居
一瓦条(图 2-22)	185 mm	180~240 mm	较低等级民居建筑，园林建筑
二瓦条样式一(图 2-23)	235 mm	195~260 mm	苏南、苏中地区普通房屋，墙脊或墙门
二瓦条样式二(图 2-24)	260 mm	195~310 mm	苏北地区普通房屋
三瓦条(图 2-25)	265 mm	260~330 mm	较高等级的房屋、墙门，公共建筑辅助用房等

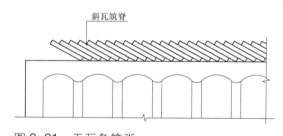

图 2-21 无瓦条筑脊

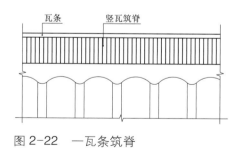

图 2-22 一瓦条筑脊

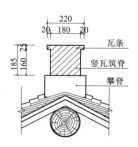

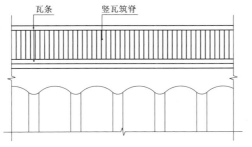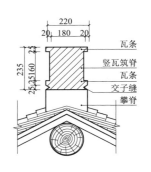

图 2-23　二瓦条筑脊样式一(苏南、苏中)

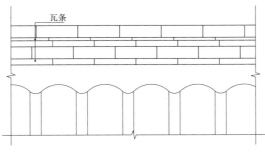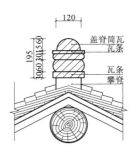

二瓦条筑脊样式 a(苏北)

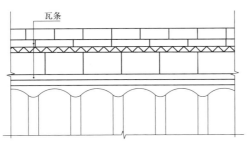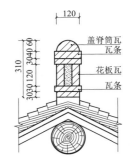

二瓦条筑脊样式 b(苏北)

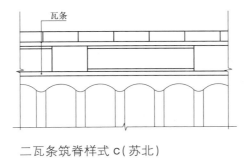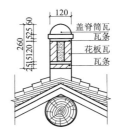

二瓦条筑脊样式 c(苏北)

图 2-24　二瓦条筑脊样式二(苏北)

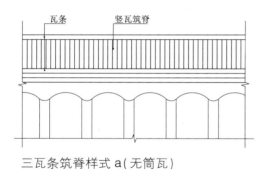
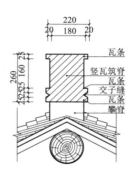

三瓦条筑脊样式 a (无筒瓦)

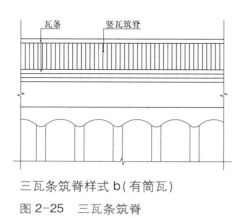
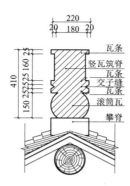

三瓦条筑脊样式 b (有筒瓦)

图 2-25　三瓦条筑脊

传统建筑正厅的正脊在建筑群体中等级最高、形式更复杂，脊身也最高，特别是南京、太湖地域，正厅屋脊脊身与周边其他建筑脊身的高差较大，一般多 1~2 个瓦条。

除正厅外，建筑群体中其他主要建筑的脊身形式差异不大，辅房、后罩房、园林建筑的屋脊更为简单。

2. 祠堂、衙署、坛庙类屋脊做法的脊身高度

高等级祠堂及衙署、坛庙等公共建筑群的主体建筑物（正厅）采用高等级的屋脊做法，现存案例主要分布在南京及太湖地域。

表 2-12　祠堂、衙署、坛庙类主体建筑正脊脊身高度与筑脊做法关系表

筑脊做法	常见脊身高	常配脊头样式
滚筒瓦上砌四瓦条，一层亮花筒	约 540 mm	鱼龙脊、哺龙脊
滚筒瓦上砌九瓦条或七瓦条，二层亮花筒	约 880~1200 mm	鱼龙脊
三瓦条，一层亮花筒	约 490 mm	哺鸡脊

鱼龙脊：常见于太湖及南京地区等级较高的厅堂，如庙、祠的主体建筑等。南京地区鱼龙脊主要用于祠堂建筑中，脊身有两种做法，其一是滚筒上砌九瓦条或七瓦条，二层亮花筒，高度约为800~1200 mm（图2-26）；其二是滚筒上砌四瓦条，一层亮花筒，常见高度约540 mm（图2-27）。

　　哺龙脊：常见于太湖地域等级较高的厅堂，如祠堂正厅等，脊身为滚筒上砌四瓦条，一层亮花筒，高度约540 mm。

　　哺鸡脊：常见于太湖地域等级较高的厅堂，采用一层亮花筒，依等级而定是否采用滚筒瓦，脊身高度约500 mm（图2-28）。

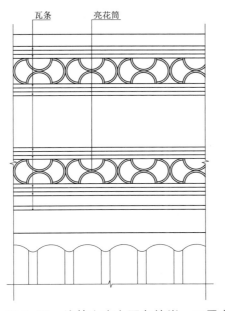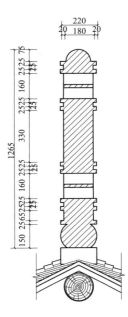

图2-26　滚筒上砌九瓦条筑脊，二层亮花筒

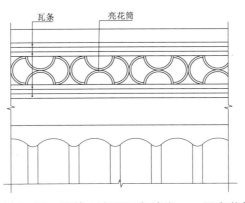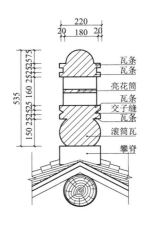

图2-27　滚筒上砌四瓦条筑脊，一层亮花筒

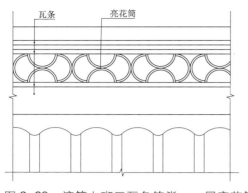
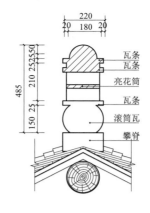

图 2-28　滚筒上砌三瓦条筑脊，一层亮花筒

五、门槛高

1. 建筑群体中的门槛高度的一般规律

在建筑群体各处的门槛中，基本都是正厅门槛最高，门屋门槛次高；门屋如果采用将军门做法，门槛则比正厅的门槛还高。其他楼房、辅房等，门槛高度没有明确的等级区分。

2. 单体建筑中不同门槛高度的一般规律

一个单体建筑中，正面前门的门槛常高于背面的门槛；两侧次间若设门槛，一般是正间与次间之间的板壁下方地梁兼作门槛。

正间门槛高度与柱础高度的关系：因为柱础高度的变化没有确定的规则，正间门槛的高度与柱础也就没有明显的相关性，但大多数正间门槛比柱础低或平，少部分高于柱础。

门槛高度与门上枋料（额枋）高度的关系：除了将军门、山门等门屋类以外，门槛一般小于额枋的高度，因为额枋需要承重，门槛高度主要只是一种象征意义。

厅堂门槛高度：江苏地区厅堂正面门槛高度常在 100~250 mm，个体差异较大，一般考虑与周边构件的协调相称即可。

将军门门槛高度：此处门槛的高低一般都象征着门第的高低，而不考虑人的正常通行方便，只是把门槛做成拼装式，视需要而即时装拆。例如无锡邹忠公祠的将军门门槛高度约为 500 mm（图 2-29）。

图 2-29　无锡邹忠公祠将军门

六、台基高

台基是建筑的基础平台，其高度体现了该建筑的等级。民居中厅堂台基最高，其次是后厅、门屋、辅房等；公共建筑中大堂台基最高，其次为后堂、门屋、厢房等。总体上，公共建筑台基高于民居；太湖、淮扬泰地域台基略高于其他地区；山地和临水建筑多有因地制宜形成的高台基。

1. 门屋台基高度

江苏的门屋台基高度多在 120~300 mm，通常设一至二级踏步。徐州户部山地区的民居依山而建，门屋踏步多有三至七级，台基高度可达一米以上。

表 2-13 江苏省各地域典型门屋案例台基高度

地域	典型门屋案例	台基高度
淮扬泰	淮安：裴荫森故居第一进	240 mm，二级踏步
	扬州：汪鲁门盐商住宅门厅	120 mm，一级踏步
	泰州：府前街明代住宅第一进	300 mm，二级踏步
南通	牌楼巷 3 号	60 mm，一级踏步
太湖	苏州：遂高堂第一进	300 mm，二级踏步
	无锡：梅园杨氏旧宅	260 mm，二级踏步
	常州：贞和堂第一进	370 mm，二级踏步
宁镇	南京：绫庄巷 38 号第一进	120 mm，一级踏步
沿海	盐城：富安镇董氏宅第一进	100 mm，一级踏步
	连云港：东大街都司署第一进	220 mm，二级踏步
徐宿	徐州：余家大院门屋	750 mm，五级踏步
	宿迁：新盛街蔡氏刻字店	60 mm，一级踏步

2. 厅堂台基高度

　　传统民居的厅堂常设一到三级踏步，高度在 150~450 mm；其中宁镇、太湖地域厅堂的台基稍高，可达 400 mm 左右；徐宿地域部分民居由于山地地形的影响，台基可达 700~800 mm；其他地域的厅堂台基常见高度在 300 mm 左右。公共建筑大堂一般都设三级及以上台阶，高度多高于 400 mm，高等级的建筑群如州府官衙、重要庙宇的主要厅堂则设五级乃至更多。

表 2-14　江苏省各地域典型厅堂案例台基高度

地域	典型门屋案例	台基高度
淮扬泰	淮安：秦焕故居蝴蝶厅	300 mm，二级踏步
	扬州：汪鲁门盐商住宅正厅	220 mm，二级踏步
	泰州：府前街明代住宅第二进	300 mm，二级踏步
南通	精进书院正厅	170 mm，一级踏步
太湖	苏州：卫道观正厅	550 mm，四级踏步
	无锡：王恩绶祠	450 mm，三级踏步
	常州：贞和堂第二进	410 mm，三级踏步
宁镇	南京：陶家巷 5 号第二进	410，三级踏步
沿海	盐城：富安镇卢氏宅第二进	150 mm，一级踏步
	连云港：东大街都司署正厅	480 mm，三级踏步
徐宿	徐州：余家大院积善堂	850 mm，七级踏步
	宿迁：大王庙主殿	700 mm，五级踏步

第三章　部　品

第一节　柱与柱础

一、概述

柱：按照《说文解字》，"楹也。柱之言主也，屋之主也。"在传统木结构建筑中，柱指垂直受力的构件。

柱础：柱础是柱下将荷载从柱传递到础石的构件。

二、分类

1. 柱

按柱子横截面形状分类，有圆形、方形和其他形。江苏传统建筑中，绝大部分柱子都是圆柱；方柱多用于走廊外的檐柱和转角处的角柱，其角常用抹角或讹角（海棠角）做法；其他形状常见的有瓜楞柱、八角柱等（见表3-1）。

按在建筑中所处位置分类，一般可分为檐柱、步柱、金柱、脊柱、童柱等（见表3-2）。在同一座单体建筑中，又有正间、次间、梢间的位置区别。柱常以屋架所在的"贴"和前后左右来定位，如《营造法原》记载"正贴左侧前廊柱"等。施工过程中，每根柱身上都以文字标明其在建筑中的具体位置。

童柱通常骑跨在梁背上，顶端承托梁檩。按其所处的具体位置，又可分为脊童、金童和轩童等；使用"草架"的建筑，还有草金童、草脊童等。

按柱的材质区分，有木柱、石柱和砖柱等。柱子常规用材为木材，传统上所用材料主要从江西、湖南输入江苏。极少数公共建筑的柱子用石材，常用的石材主要有石灰岩和花岗岩，如苏州的罗汉寺大殿用青石（石灰岩）瓜楞柱，华山大殿用金山石（花岗岩）方柱。砖柱主要用于一些砖结构建筑，如苏州开元寺无梁殿等（见表3-3）。

表 3-1　柱子横截面分类表

柱子横截面形状	特征	照片
圆形	—	 苏州市某宅
方形	抹角(左)、 讹角(右)	 苏州沧浪亭瑶华境界　　苏州黎里某宅
其他形　瓜楞形	—	 南通天宁寺
八角形	—	 苏州东山某宅　　　　苏州东山郑庆堂

表 3-2　柱子位置分类表

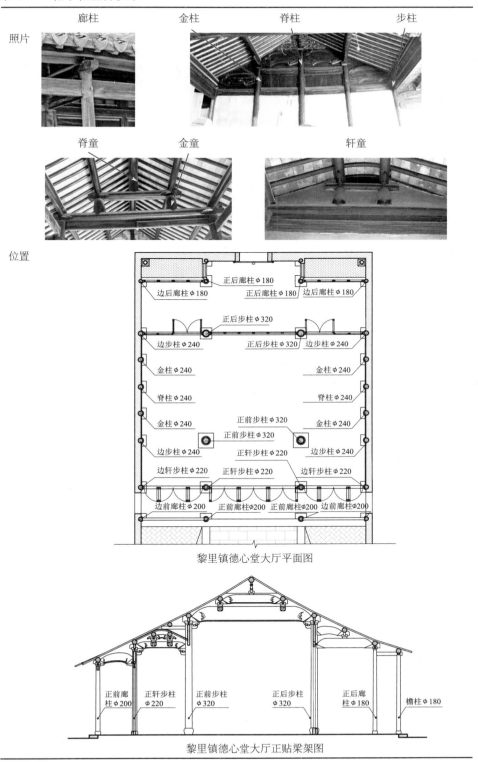

照片

廊柱　　金柱　　脊柱　　步柱

脊童　　金童　　　　　轩童

位置

正后廊柱φ180
边后廊柱φ180　正后廊柱φ180　边后廊柱φ180
正后步柱φ320
边步柱φ240　正后步柱φ320　边步柱φ240
金柱φ240　　　　　　金柱φ240
脊柱φ240　　　　　　脊柱φ240
金柱φ240　正前步柱φ320　金柱φ240
正前步柱φ320
边步柱φ240　正轩步柱φ220　边步柱φ240
边轩步柱φ220　正轩步柱φ220　边轩步柱φ220
边前廊柱φ200　正前廊柱φ200　正前廊柱φ200　边前廊柱φ200

黎里镇德心堂大厅平面图

正前廊柱φ200　正轩步柱φ220　正前步柱φ320　正后步柱φ320　正后廊柱φ180　檐柱φ180

黎里镇德心堂大厅正贴梁架图

表 3-3　柱子材质分类表

	图片
材质	

木柱（扬州某宅）　　　　青石（苏州罗汉殿遗址）

金山石（无锡寄畅园）　　砖柱（苏州开元寺无梁殿）

2. 柱础

按照造型分类，柱础可分为鼓形、几何形、其他形（见表 3-4）。

鼓形柱础在江苏全省传统建筑中普遍使用，在传统民居中尤其常见。按照鼓的形状不同，鼓形柱础又可分为高鼓形、扁鼓形和高腰鼓形三种。其中，扁鼓是明代及以前的式样，高腰鼓是清代式样，高鼓形基本属于明末清初时期扁鼓向高腰鼓过渡样式。

几何形柱础可分为覆盆形、古镜形、櫍形、素面形等。覆盆柱础主要用于寺庙、道观等公共建筑中，普通民居不用。古镜柱础类似《营造法原》记载的荸底磉石，在磉石面上略微高起。櫍形柱础的记载见于《营造法式》，是一种比较古老的柱础样式，在公共建筑中常与覆盆柱础组合使用。素面柱础指柱础与地面齐平，没有突出部分。其他形柱础包括一些花式柱础，以及由以上各种组合而成的复合形柱础，如《营造法式》载覆盆上面加櫍形柱础，或者覆盆上面加鼓形柱础等做法。

柱础按照位置分类，与柱子类似，一般可分为廊柱础、步柱础、金柱础和脊柱础等（见表 3-5）。按《营造法式》记载，"造柱础之制其方倍柱之径"，鼓形柱础"面宽或径按柱每边各出走水一寸，并加胖势各二寸"。由此可见，柱础的尺寸是视柱子尺寸而定的，因此，正间步柱下柱础尺寸最大，由此向建筑前后和左右依次递减。山墙处的柱础，因其一半嵌入墙内，与其他位置的柱础不同。

柱础材质一般都用石材，极少用木材，木材以杉木居多，主要用于櫍形柱础。为达到隔绝潮气的目的，常以木材的弦切面作为受压面。

现存江苏各地传统建筑的石质柱础，石料大多就近开采，太湖、宁镇、徐宿和沿海地域，地有丘陵，石材产量较大，如苏州产的青石与金山石，徐州产的青石，连云港产的凤凰山片麻岩等，都是较好的建筑石材。江苏其他地区石材较少，所以建筑中石材使用量也少，且以周边外地输入为主。

太湖、南通地域在清中期以前的建筑石材多用石灰岩，清中期以后，因苏州的石灰岩材源枯竭，并随着加工工具与工艺的进步，柱础多改用更为坚固耐用的花岗石。徐宿、宁镇、淮扬泰地域多用石灰岩，沿海地域多用片麻岩。

从现存实物来看，櫍形柱础多见于太湖流域、淮扬泰、南通等地的明代民居建筑中，如苏州的东山地区、盐城的东台和泰州老城区集中保留了一批质量较好的明代建筑，其中不乏使用木质柱础的。南通部分地区的清代民居，有延续明代木质柱础的做法。

表 3-4　柱础造型分类表

柱础造型	特征	照片
鼓形	扁鼓形	苏州东山楠木厅
	高鼓形	徐州户部山某宅

柱础造型	特征	照片
鼓形	高腰鼓形	 苏州某宅
几何形	覆盆形	 苏州东山勤和堂
	古镜形	 宿迁龙王庙行宫
	櫍形	 苏州东山遂高堂

柱础造型	特征	照片
	素面形	 宿迁新盛街灶君庙
其他形	花篮式	 扬州吴氏宅第
	复合形	 无锡寄畅园

表 3-5　柱础分类表

图纸	备注
柱础随所承柱名	黎里镇柳亚子故居轿厅平面图

表 3-6　柱础材质分类表

图片

木（苏州东山怀荫堂）　　　金山石（苏州某宅）

青石（苏州玉涵堂）　　　石灰岩（徐州户部山某宅）

三、地域特色做法

1. 柱

江苏传统建筑的柱子，以木制圆柱为主，多利用自然收分，除了部分柱头置斗的明代建筑以外，柱头一般不用卷杀。

方柱在建筑中不多用，如扬州汪氏小苑的秋嫮轩，全部使用抹角方柱，属于极少数的个案。徐州地区有民居正贴用圆柱、边贴用方柱的做法，如户部山翟家大院，也是一种比较特殊的地方做法。

瓜楞柱是比较古老的做法，一般仅用于重要公共建筑的檐柱，在实际案例中不多见，仅见于南通天宁寺、苏州罗汉院大殿遗址等少数建筑。八角柱也较为少见，实际案例仅见于盐城东台富安镇明代建筑王氏住宅（甲）等建筑的正间前檐。

童柱按照横截面形态大致可分为圆形与方形。童柱截面一般都为圆形，圆形童柱在圆作与扁作梁架中都有使用。方形童柱只配合扁作梁架使用，如泰州季家院汪氏住宅等。

大部分地区的童柱侧面采用直线收分，上端小、下端大。一般做法，童柱上端直径按照下端收掉 20%，俗称"二八收"，此外也有一些"三七收"做法。《营造法原》记载，金童的上端直径同三架梁，下端直径同五架梁；脊童和轩童的上端同檩径，下端同三架梁与轩梁，亦即上下端分别都与所连接构件直径等同。

太湖地域的童柱，在两边与梁背咬合处的两侧各向外放"胖势"30 mm左右，使整个童柱两侧边呈弧形，童柱与梁的交接有"蛤蟆嘴"（弧形）和"雷公嘴"（尖形）两种。南通与淮扬泰、沿海地域的圆童柱柱脚与梁交接处多采用"鹰嘴"形式（见图3-1）。徐宿与沿海地域的连云港，采用"金字梁架体系"建筑的童柱，多用两头小、中间大的梭柱，上下两端平断，不做任何修饰。

清中期前，工程建设用材一般比较考究，这一时期的建筑用材尺寸都比较大。清中期后国力开始衰弱，现存这一时期及以后的木柱，相对而言尺寸明显偏小。

太湖、宁镇和淮扬泰地域历来经济较发达，也有比较明显的水运优势，传统使用性价比较高的木材大多由江西、湖南等地通过长江等水路输入。全省用材材径规格，总体呈现由南向北逐渐减小的趋势，具体当然与建筑等级和业主实力相关。

蛤蟆嘴　　　　　　雷公嘴　　　　　　鹰嘴

图3-1　童柱与梁的交接类型

在同一组建筑群中，中路建筑比边路用料大，正殿或正厅又在整个中轴线建筑中用料最大。同一座建筑内的用材也不一样，正间承托大梁的四根步柱用料最大，然后依次是轩步柱、脊柱、廊柱，次间、梢间的用料按照正间依次减小。

2. 柱础

江苏传统建筑所用柱础，公共建筑以覆盆柱础或者覆盆加其他形式的复合形柱础最为常见，传统民居以鼓形柱础最为普遍。

鼓形柱础的高度一般为柱径的0.7~1倍，两侧鼓出部分，《营造法原》称为"胖势"，约有二寸（55 mm）。柱础的高宽比一般在0.8~1。苏州东山的现存明代住宅中，有一种扁鼓形柱础，木质、石质都有，高宽比 0.3~0.4 左右，如柿饼状，鼓形最宽处常饰以三条阴刻线条。现存实物中，徐宿与沿海地域的鼓形柱础，最突出部分一般在础高的正中间；太湖、宁镇、南通与淮扬泰地域的鼓形柱础多为高腰鼓形，最突出部分一般在础身 2/3 高度左右。这些柱础的特征一定程度上反映了不同时代的信息。

古镜柱础高度较小，隔潮性能不如鼓形柱础，常用在对隔潮要求不太高的地区，宁镇、淮扬泰、徐宿地域多有使用。

素面形柱础厚度一般在 100~150 mm，多见于传统民居中的一些辅助性建筑和徐宿、沿海等气候比较干燥的地区，柱子直接搁在础石上，常与地面平齐。

花式柱础主要用于较为考究的建筑中，如扬州吴道台宅的仪门和徐州山西会馆等。

第二节　梁及组件

一、概述

梁属于水平受力构件，基本形态有直梁、月梁和斜梁-金字梁三大类，各类都有多种不同工艺形式；截面有圆作和扁作；组件一般包括梁、梁垫、山雾云、梁头剥腮等。

直梁：整体状态平直。扁作直梁的梁肩两侧向中间斜向折起，两肩中做成平直段，梁上下以海棠抹角线修饰，在苏州地区被称为"贡式梁"，因为整体梁形秀巧如软带状，这种做法俗称"软景"。《营造法原》记载，"厅式之一，用扁方形木料，挖其底，使曲成软带形而效圆料做法者"，是突出装饰性的一种比较取巧的办法。

月梁：呈弧形拱起，整体弯势如新月，这样的梁被称为"月梁"。宋《营造法式》中就有关于"造月梁之制"，是一种由来已久的做法。

金字梁：圆作屋架的一帖梁架中，在大梁两端沿屋面坡势设置两根大斜梁，当中在屋顶相交，两侧斜向下与大梁背在檐墙轴线处榫接，形成一个大三角形；中间辅以小横梁与童柱，形成一榀三角形屋架，檩条搁置在斜梁上。因梁架形似汉字"金"，所以被称为"金字梁"。这种梁架常被称为"三角梁架体系"，以区别于传统的"正交梁架体系"，是一种非常有特色的地方做法。简易的金字梁内部仅有一根童柱联系大横梁和斜梁交汇处，宿迁地区俗称

"个字梁"。连云港有一些金字梁屋架，在大横梁中间立童柱，两侧大斜梁都榫接在童柱上，是金字梁的一种地方变异做法。

山雾云：三架梁背或脊柱顶置一斗三升、一斗六升承托脊檩，用雕花木板架在坐斗内来修饰屋顶"山尖"部分，常以流云、花卉、瑞兽等作为雕刻主题，称为"山雾云"。

梁垫：梁垫是梁两端肩下的垫木，与柱或坐斗榫接，有分散梁荷载的作用。

梁头剥腮：剥腮是梁肩与柱或斗栱连接的一种做法，以梁背 1/2 界深处为起点，以檩条底面水平线上向内距檩条 15 mm 左右为终点，向上作圆弧起卷杀；又以此为起点，以梁底 1/2 界深处为终点画直线，把两条线以外的梁肩两侧厚度锯去 1/5，与柱、檩或斗栱榫接，这种做法称为"剥腮"。

二、分类

1. 梁架（表 3-7）

江苏传统建筑中的梁，按照其整体形态分为直梁、月梁和斜梁-金字梁；按照其截面形状还分为扁作与圆作；按照榫接关系，又有插梁式、抬梁式等；按照工艺特点，还有多种不同做法。总体而言，主要按整体形态、截面形状两大要素进行分类和组合应用。

表 3-7　梁架分类表

类别	图片
截面	 圆作（盐城某宅）  扁作（苏州东山凝德堂）

类别	图片
形态	

直梁（南京饮马巷某宅）

月梁（无锡寄畅园）

金字梁（徐州某宅）

2. 直梁

按照直梁截面形状，分扁作直梁（长方形截面）和圆作直梁（圆形截面）两大类。按照梁与柱的承载关系，可分为抬梁式和插梁式。抬梁式，是将梁搁在柱顶，通过柱顶的榫头与梁底的卯口连接，防止位移；插梁式，是将梁端做成榫头，楔入柱顶的卯口内。其梁头的处理方式有霸王拳、云头和抹角等（见表3-8）。建筑的重要承重处一般都用抬梁式，以充分利用构件承载能力。

贡式梁属于扁作直梁的一种，用材比较纤细，断面接近方形，常见于苏州地区民居的花厅、书房等休闲性、辅助性建筑中（图3-2）。建筑整个梁架包括翻轩和回顶部分都使用贡式梁的，称为"贡式厅"，如太湖西山仁本堂等。因其风格趋于纤秀，公共建筑和民居中的门厅、大厅、内厅等礼仪性要求高的建筑一般不用这种梁架。

图 3-2　贡式梁

表 3-8　直梁分类表

类别	图片
截面	 圆作（昆山蓬朗民居）  扁作（宿迁龙王庙行宫）
承载关系	 插梁式（徐州某宅）  抬梁式（苏州市王鏊祠）

类别	图片
梁头处理方式	

云头

抹角（苏州东山霭吉堂）

霸王拳

3．月梁（表3-9）

按照梁背的形状，可分为梁肩弧线形与梁背微拱形。梁背整体微拱的月梁多见于明代建筑中，等级较高、工艺精致的月梁基本都是采用梁肩弧线形。

按照月梁的截面，也有圆作与扁作，扁作月梁又可分为琴面与平面两种。

按照用材工艺不同，还可分为独木、实叠与虚拼三种做法。独木是指整个月梁用一根木料制作而成，这种做法最为考究，结构安全性也最好，早期的建筑，尤其是重要公共建筑的月梁都用独木。实叠是用两块木料上下密叠拼合成一根月梁，一般来说，大料在下约不少于2/3梁高，小料在上。虚拼是指月梁下部用实木，而上部两侧用拼板、梁身中间留空的拼接方式，一般实心部分不小于梁高的2/3。

表 3-9　月梁分类表

类别	图片
梁背形状	 梁肩弧线形  梁背微拱形
截面	 圆作  扁作
扁作琴面	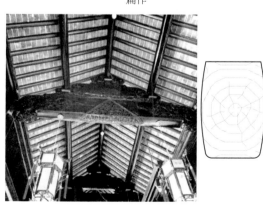 带琴面

类别	图片

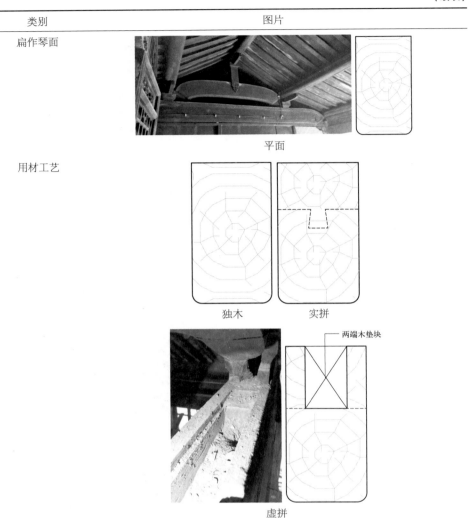

扁作琴面

平面

用材工艺

独木　　　　实拼

两端木垫块

虚拼

4. 金字梁（表 3-10）

按其运用方式，金字梁可分为独立式和组合式。独立式是仅用金字梁组成整个大木结构；组合式是金字梁与正交梁架结合组成大木结构，例如在金字梁架前加二架梁，徐州窑湾古镇商铺中多见此类型。

按照其承檩的方式，可分为梁承脊檩和柱承脊檩两种。金字梁的两个大斜梁在屋脊处咬合，形成交叉，脊檩置于交叉口上，即为人字梁承脊檩。童柱承脊檩做法，即两根大斜梁本身不交汇，而各自与脊童柱榫接，由脊童柱承脊檩。

按照其梁架形式，又分为"金字梁"和"个字梁"两种。金字梁内部，仅有一根童柱联系大横梁和斜梁，俗称"个字梁"。

表 3-10　金字梁分类表：

类别	图片
运用方式	 独立式（宿迁新盛街传统建筑）  组合式
承载关系	 人字梁承檩（徐州某宅）  童柱承檩
形式	 金字梁  个字梁（宿迁新盛街传统建筑）

5. 山雾云（表3-11）

山雾云按照其与梁背的关系，可分为垂直式和外倾式。垂直于梁背的，通常只有一块，与梁背轴线吻合。外倾的，在中间跨通常在三架梁两侧，左右各有2块；山墙处的山雾云只有一块，朝向建筑明间。

按照题材分类，可分为神物、植物、器物、动物和人物等。

按其复杂程度，可分为带抱梁云和不带抱梁云。抱梁云是指斜架于升口，环抱脊檩的装饰木板，主题、雕刻手法与山雾云类似。抱梁云常见的为一层，复杂的有两层。

表3-11 山雾云分类表

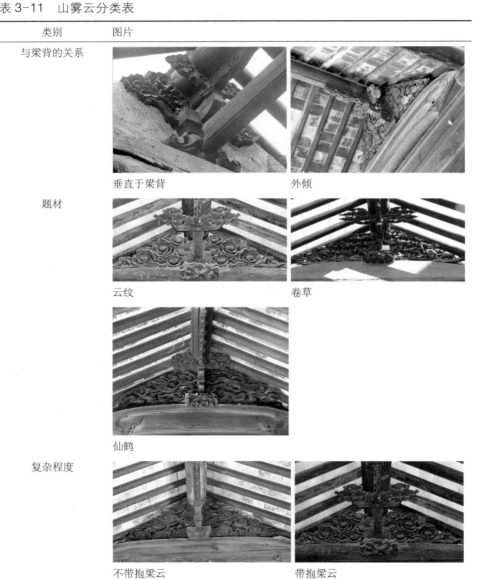

类别	图片
与梁背的关系	垂直于梁背　　外倾
题材	云纹　　卷草 仙鹤
复杂程度	不带抱梁云　　带抱梁云

6. 梁垫(表3-12)

梁垫是重要的装饰构件，按其制作工艺，可分为四类：素面、浮雕、高浮雕和透雕。

按照其复杂程度，有带枫栱和不带枫栱的区别。枫栱常见的一层，复杂的有两层。

表3-12　梁垫分类表

类别	图片	
工艺	 素面	 透雕(东山玉树堂)
	 浮雕	 高浮雕(东山德仁堂)
复杂程度	 带枫栱(东山凝德堂)	 无枫栱

7. 梁头剥腮

剥腮主要用于扁作梁架，在全省各个地区都有实例。一些地方的圆作梁架也用剥腮，称为"圆料扁作"，可以看作是扁作剥腮的一种变异，在淮扬泰和太湖地域较为常见(表3-13)。

表 3-13　剥腮案例表

类别	图片
扁作梁架	 苏州市东山德仁堂
圆作梁架	 宿迁市新盛街灶君庙

三、地域特色做法

1. 直梁

圆作与扁作直梁在江苏各地都有分布。扁作直梁多见于徐宿与沿海地域，一般多用于寺庙道观等公共建筑；圆作直梁通用常见，一般用于体量较小的公共建筑和民居。两者在地域之间有些差异，如太湖地域的圆作直梁，梁身微微向上拱起，称为"拱势"；梁底在与柱连接点 1/2 界深处挖去半寸做出一段平底，称为"挖底"。苏州地区的"香山帮"有时将圆作直梁背做出略微的尖形，梁底处理成扁平的弧形，这种做法俗称"黄鳝肚皮鲫鱼背"（图 3-3）。淮扬泰地域的圆作直梁也做拱势，只是梁底一般不做挖底处理。

抬梁式直梁多见于传统公共建筑，插梁式直梁多见于各地民居。

太湖、宁镇、南通地域的圆作梁头多为素面，不加修饰。淮扬泰、徐宿与沿海地域的梁头，常用云头、象鼻头、卷草图案进行雕饰，尤其淮安地区的挑尖圆梁头，常被砍削成长方形，端头看面用木板雕刻装饰，形成当地独有的风格。

2. 月梁

月梁在太湖地区的明清建筑中使用最为普遍，在淮扬泰、南通、宁镇和沿海地域多在明代建筑中出现，而徐宿地域则很少有这种做法。

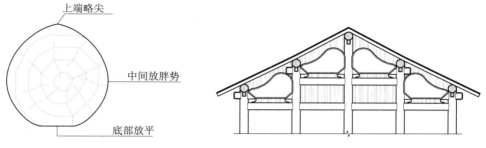

图 3-3　"黄鳝肚皮鲫鱼背"做法　　图 3-4　"泥鳅梁"

各地域月梁在细节做法上也有不同。太湖地域常见两种月梁，一种整体向上起拱，梁底与梁顶都呈向上的弧形；另一种仅梁肩处起拱，中间起拱不明显甚至平直无拱，近似直梁，是现存传统建筑中最为多见的做法。南京地区的月梁，梁背略起拱呈弧形，而梁底平直如直梁，如甘熙故居。南通、淮扬泰和沿海地域的明代建筑的月梁，一如太湖地域，这可能与明初的"洪武赶散"有关，太湖地域的建筑月梁特点随被迁居的苏州人口而带到了这些地域。

月梁断面两侧有向外鼓出的，呈"琴面"状，如苏州三山岛师俭堂、泰州王氏住宅、盐城周法高故居等，这种将圆料按照扁作的方法加工制作、两端也用"剥腮"做法，梁身向上起拱，称为"圆料扁作"，在太湖、淮扬泰和沿海地域都可以看到。

南通地域还有一种形态比较特殊的梁，当地称为"泥鳅梁"（图 3-4），梁身扁作，形态弯曲如泥鳅，是极为少见的案例，如南通南关帝庙巷某宅。

从用材来看，公共建筑和考究的民居厅堂的月梁以独木为多，一般辅助性建筑以拼合为多；经济条件较好的太湖、宁镇和淮扬泰地域的传统民居建筑以独木居多，其他地区的传统民居建筑多用拼合做法。

3. 金字梁

金字梁仅在徐宿与沿海地域有案例，其他地区尚未发现。"个字梁"是一种常见于宿迁的地方做法。而金字梁的童柱承脊檩做法，目前只见于连云港地区。

为了便于调整檩条的位置，常在大斜梁背上安装木垫块，将金檩及以下檩条安装在木垫块上，脊檩则安装在两根大斜梁的交叉口上（见表 3-10 组合式金字梁）。

金字梁结构常通过增加前后双步或者增加挑檐的方式拓展空间，形成"正交梁架"与"三角梁架"的组合使用。在山墙部位，金字梁建筑往往不用边贴梁架，而直接将檩条搁在山墙上，称为"硬山搁檩"。

4. 山雾云

山雾云在太湖地区的明清建筑扁作梁架中比较常见，宁镇、泰州、南通、盐城也常有使用。徐宿与沿海地域的金字梁建筑，基本不用山雾云。

山雾云与梁背的角度关系，垂直于梁背的做法在各地的明代建筑中多有实案，如苏州东山凝德堂、南京南捕厅 17 号、南通葆春堂和泰州王氏住宅等；外倾与梁背成 60° 左右夹角的做法，现存案例以太湖地域为多，如苏州的明代建筑东山明善堂和清代建筑西山敬修堂。

按《营造法原》记载，山雾云底部与坐斗斗腰齐平，高到檩条中心，厚度约 60~80 mm。雕刻大多采用透雕，以流云、花卉为主要题材，辅以仙鹤、麒麟等瑞兽，考究的局部甚至采用"贴金"等传统工艺。

在脊柱或脊童柱两侧装饰雕花木板，称为"云板"。明《园冶》中有过类似记载，"屋架过梁式"一节中图例里，脊童柱两侧的翼形构件与云板非常类似。现存实物云板常见于宁镇、淮扬泰地域，徐宿和沿海地域也有，但案例较少，雕饰也比较简单。

为强化装饰效果，山雾云常与抱梁云一起使用。按照《营造法原》记载，"抱梁云长按脊檩径三倍，厚一寸"。三架梁背置一斗三升的，抱梁云大多用一个；三架梁背置一斗六升的，主要见于太湖地域的扁作大厅。抱梁云在太湖地域的明清建筑中应用比较普遍，宁镇、南通、淮扬泰和沿海地域的明代民居中也都有使用，徐宿地域基本没有。

5. 梁垫

梁垫在江苏传统建筑中的使用，太湖、宁镇、南通地域的扁作梁架中最为常见，徐宿和沿海地域的金字梁架不用梁垫。

梁垫做法一般长至梁"剥腮"的起始点，宽同梁肩，高约 80~150 mm。早期建筑中，梁垫多架在丁头栱内，考究的建筑中，丁头栱内还在横向上置枫栱，这样的建筑俗称"纱帽厅"。

素面梁垫多见于一些明代与清早期的传统建筑中。清中期以后更注重梁垫装饰性，一般将梁垫加长，并对此部分采用浮雕、高浮雕或者透雕进行修饰，俗称"蜂头"，长度与梁垫高度相当，题材主要有花卉、瑞兽等。

第三节　檩与机

一、概述

檩：架在梁上、沿建筑开间方向的水平受力构件。按照《营造法原》记载，檩条的周长大约等于开间宽度的十分之二。

机：用在檩下、加强檩条承托能力的替木。

二、分类

1. 檩（表 3-14）

按照断面划分，可分为圆檩与方檩。江苏传统建筑大部分使用的都是圆檩；方檩仅用于轩檩或挑檐檩，檩底转角常以讹角（海棠抹角）进行修饰。

按照数量，有单檩与双檩的区别。单檩即在每一架只用一根檩条，是正常通用做法；双檩则因木料径小而并排用两根，且没有方檩做法。

表 3-14　檩分类表

类别	图片	
截面	 圆檩	 方檩
数量	 单檩	 双檩

2. 机（表 3-15）

按其长度关系有两种：随檩通长的称为"连机"，在檩两端、中间分开的称为"短机"。机的宽度一般约 50～100 mm，高度约 70～140 mm，短机长度一般约占檩长的五分之一。

按照工艺有素面机与花机的区别。一般连机都是素面的，短机有素面（草机）和雕刻（花机）两种。

雕刻的主题一般有植物、器物和神物等，常见的如水浪、花卉、如意、蝠云等。

表 3-15 机分类表

类别	图片

长度

连机　　　　　　　　　　　　　　　　短机

工艺

草机　　　　　花机

雕刻主题

水浪　　　　　　　　　　　花卉

如意　　　　　　　　　　　蝠云

三、地域特色做法

1. 檩

脊檩在很多地方被称为"大梁"，建房过程中都有隆重的上梁仪式，因要单独承受屋脊的重量，檩径通常大于其他檩条。从现存实物来看，明代建筑的檩条尺寸比清代的大，正间的檩条大于次、梢间的。

江苏绝大部分地区都用单檩。双檩做法仅见于徐宿与沿海地域的"金字梁"建筑中，是因檩材径小而采取的加强办法，一般檩径在 100 mm 左右。

太湖、宁镇、南通和淮扬泰地域的檩条有大小头之分，次间、梢间檩条的大头端都朝向正间，正间的大头端朝向建筑的左侧(俗称"上手")；没有正间的建筑如厢、廊等，大头端均朝向左侧，香山帮木工有"有中朝中，无中朝东"的口诀。檩条间的连接方式是在檩条端口开燕尾榫连接。按香山帮规定，明间两头做雄榫，次间做雌榫；东头做雄榫，西头做雌榫；或者南头做雄榫，北头做雌榫，俗称"晒公不晒母"。沿海地区通面阔较小的建筑，有两间或三间共用一根檩条的做法，称为"连二桁条"和"连三桁条"。

2. 机

连机在江苏各地域传统建筑中都有使用，特别在强调横向受力的建筑中，用连机可以有效地增加檩条的承载能力，因此一般多用于檩条构件偏小的建筑中。如淮安和连云港的传统建筑有"满梁满牵"的做法，即在每一根檩条下都使用连机。扬州传统建筑有"七梁五垫三道花"的做法，指七檩建筑用五道连机、三道椽花板，常见的情况是脊檩、下金檩和檐檩用连机，上金檩用短机。太湖地区传统建筑按《营造法原》记载，三间七架平房，"边矮四只机十八""二十一桁十二连"，共用连机十二只、短机十八只。香山帮有口诀"厅堂步廊做连机，脊金轩中短机插"。结合实际案例来看，太湖地域传统建筑的脊檩、上金檩与轩檩下多用短机，其他部位多用连机。南通地域与太湖地域基本类似，只是在七架建筑中，如果柱子全部落地，也用"满梁满牵"的做法。

短机最为常见的是素面机，机端仅饰以折线与斜面，主要用于普通民居。水浪机是一种历史较为悠久的做法，在各地明清建筑群的重要建筑如门厅、大厅、内厅中多有使用。

在淮扬泰和南通地域的建筑中，脊檩下约 30 mm 处常设置通长木枋，当地俗称"子梁"，其功能类似于连机，其他地区少见。

第四节　斜撑

一、概述

斜撑：是指檐口下或者楼房的楼面处，用来支撑梁头出挑部分的斜向受力构件。与单纯靠梁头出挑的"硬挑头"不同，它是属于"软挑头"的做法。

二、分类（表3-16）

按其造型分类，可分为撑栱、牛腿和插栱。《营造法原》记载的"雀宿檐"做法，就是使用斜撑的案例。太湖地域俗称"琵琶撑"，淮扬泰地域俗称"撑牙"，有些地区称为"牛腿"的构件，都是斜撑的一种形式、一种名称。

按其装饰程度，可分为有饰和无饰两种。

按其装饰的题材，可分为动物类、植物类和神物类等。

表3-16　斜撑分类表

类别	图片
造型	 撑栱（苏州东山某宅）　牛腿（扬州个园）  插栱（连云港正和烟店）
装饰程度	 有饰（苏州东山怀荫堂）　无饰（无锡寄畅园）

类别	图片
雕饰题材	 

动物类（苏州东山某宅）　　　　　　　植物类（淮安某宅）

三、地域特色做法

从现存案例看，明代建筑斜撑的形式简洁，多在檐柱上出丁头栱，栱内置斜向撑杆，上端置斗承挑梁头或枋子，在梁头上搁挑檐檩，结构作用明显，如太湖东山怀荫堂楼厅雀宿檐。随着斜撑的结构作用弱化，装饰作用逐渐增强，演变成带有各种雕饰的构件，考究的斜撑甚至采用高浮雕或透雕工艺进行修饰。

太湖、宁镇、南通、徐宿地域的斜撑，主要是一根弯曲的斜向受力构件，下端与檐柱榫接，上端承托挑梁或挑枋，常以卷草、竹节等进行雕饰。太湖地域的斜撑，为了增加观赏性，常在挑梁上置垂花柱，雕饰也比较复杂。徐宿地域的斜撑，形式比较简洁，仅作简单线刻或者直接素面。

扬州地区的斜撑，多为一块倒置直角三角形木块，上端承托挑梁或挑枋，侧面仅靠檐柱榫接，表面多以流云、花卉雕饰；有一些歇山建筑转角处，面宽、进深和翼角三个方向都用斜撑。淮安地区的斜撑多由两个构件组成，上部是一块水平向木构件，承托挑出构件，下部是一块倒三角形木构件，紧贴檐柱，上下两部分间榫接，形成一个整体。

盐城地区的斜撑有两种，一种是类似倒三角的木构件；另一种是曲尺形横向木构件，与其他地方的斜撑都不相同。

徐宿和沿海地域的门屋或正房檐下出挑的门窗罩，以插栱形式出挑，由檐柱出插栱一至四层，下层以坐斗承托，最上一层承托插枋或挑檐檩，插栱本身都为素面，不做修饰。这种做法为该地域所独有，如徐州户部山崔宅和宿迁陈家大院等。

另外，太湖、宁镇地域有从檐柱出丁头栱承托挑檐檩的做法，《营造法原》称之为"云头挑梓桁"，与插栱有异曲同工之妙。

第五节　轩

一、概述

轩：原为厅堂建筑的一个部位，常用深一至两界，高等级建筑有用三界，在原有屋顶下构筑草架设重椽和望砖。《明史·舆服志》记载，"庶民庐舍不过三间五架"。早期的明代建筑，基本按照这一规制实行。随着社会经济复苏，大量的建设活动有了经济支撑，同时房主也为了拓展室内空间，普遍出现了如《园冶》记载的"厅堂前添卷"的做法，也就是在原有五架的基础上增加前轩，轩从此得到了极大的发展。比较考究的独立走廊也常有用轩的做法。

二、分类

按照与内四界的结构关系，轩可分为三种：抬头轩、磕头轩和半磕头轩。抬头轩的轩梁底与大梁底平齐，顶上用草架；磕头轩不用草架，轩梁随着屋面举折而定；半磕头轩位于两者之间。

按照尺度分，轩有一界、两界和三界。常见的各种轩中，一界轩有茶壶档轩、弓形轩等，两界轩有一支香轩等，三界轩有船篷轩、菱角轩、鹤颈轩等。

按照做法分类，轩也有圆作与扁作的区别。

表 3-17　轩分类表

类别	图片
与内四界的关系	
	抬头轩（苏州东山惠和堂）　　磕头轩（苏州曲园）

类别		图片

与内四界 的关系		 半磕头轩（苏州东山松园弄 5 号）	
尺度	一界	 茶壶档轩	 弓形轩
	两界	 一支香轩	
	三界	 船篷轩	
		 菱角轩	

类别		图片
尺度	三界	 鹤颈轩
	截面	 圆作
		 扁作

三、地域特色做法

　　轩主要用于民居的门厅、大厅、楼厅、花厅等重要、考究的建筑，除了廊道以外，辅助性的建筑不用轩。江苏传统建筑用轩，多见于太湖、宁镇和淮扬泰地域的厅堂建筑中，其他地区使用不甚普遍。

　　轩有扁作和圆作两大类，扁作更为考究；两类都有很多椽形，并作为轩名。常用的轩如下：

　　茶壶档轩，界深通常在 900～1200 mm，在轩梁与屋顶之间置水平的茶壶档椽，上盖糙望或做细望砖，是比较简单的一种轩的形式，常用于连廊与普通民居的廊下。这种轩在太湖、宁镇和淮扬泰地域较为常见，做法基本相同。

弓形轩，界深通常在 1100~3000 mm 左右。一种做法与茶壶档轩类似，唯轩椽向上拱起似弓形，多用于普通民居的廊下，太湖、南通和淮扬泰地域较为常见。另一种做法是在轩梁上置两个坐斗，斗内承轩檩，其上置弓形椽；太湖、南通地域的弓形轩椽是一个完整的弧形，而宁镇和淮扬泰地域的轩椽多在弧形两端各加一段水平线。

一支香轩，界深通常在 1200~1500 mm 左右，在扁作轩梁上置一个坐斗，斗内承轩檩，斗两侧常饰抱梁云，轩椽多用方形三弯椽，上面覆盖做细望砖。这种做法多用于较为考究的建筑廊下，太湖地域常见，淮扬泰地域也有，但不多见。

菱角轩，界深通常在 1600~2200 mm 左右，在轩梁上置两个坐斗，斗内置荷包梁，梁上承轩檩，轩椽用菱角椽，上覆做细望砖，常用于考究的大厅内四界前的翻轩，太湖、南通和淮扬泰地域较为常见。淮扬泰地域的菱角轩椽变化更为丰富，有时不用坐斗和轩梁，两轩椽直接在最高处榫接。

船篷轩，界深通常在 2200~2800 mm 左右，在轩梁上置两个坐斗，斗内置荷包梁，梁上承轩檩，轩椽用弯椽，上覆盖做细望砖，常用于较宽阔的走廊和大厅内四界前的翻轩；扁作比圆作更为考究。船篷轩在全省各地均有使用，徐宿地域的做法略有不同，在轩梁下常用随梁枋。

鹤颈轩，做法与船篷轩相类似，只是轩椽形态弯曲如鹤颈，也是较为考究的做法，常用于大厅的内轩。太湖、南通、淮扬泰地域常使用鹤颈轩。

按照轩在建筑平面中的位置，可分为前轩(前廊与廊步柱之间)、后轩(后廊与后步柱之间)和内轩(廊步柱与步柱之间)三种。其中，用前轩最多，全省各地都有；用后轩的较少，前提是必须用前轩，才可能用后轩，仅在太湖、宁镇和淮扬泰地域使用；内轩是在建筑内四界前、走廊后用轩，在太湖、宁镇和淮扬泰地域的厅堂中较为常见。整个建筑物从前至后全部用轩的做法称为"满轩"，是最为考究的做法，实际案例也最少，太湖、宁镇和淮扬泰地域现有少数满轩的实物。

还有一种比较特殊的样式，六架梁和四架梁的内屋顶，《营造法原》称之为五界回顶和三界回顶。门厅、大厅和内厅等重要建筑不用，多用在花厅、书房或园林建筑中，常与轩组合使用。比较有代表性的如太湖地域的花篮厅，在轩与五界回顶之间用花篮柱分隔，是一种非常考究的地方做法。

第六节　门窗

一、概述

江苏传统建筑的门窗类型丰富，可以按照功能区分，也可以按照位置区分，各有用处和用法。这些门窗自成系列，按其工艺又可分为若干类，应用灵活，重在群体协调；制作精美，根据当地文化而形成各自特点。

二、分类

1. 门窗分类（表3-18）

门窗按照功能区分，有住宅围合、户内分隔、室内采光、通风和装饰等。

门窗按照位置区分，有分户、分室内外、室内分隔、室外分隔等。

实际应用中需要考虑风貌统筹、用材统筹、功能兼顾和门窗兼顾。风貌统筹指门窗的形式与纹饰的统筹，用材统筹指材质和材色的协调，功能兼顾指通风、采光与装饰的统筹兼顾，门窗兼顾指同一个建筑群中，特别是同一座建筑中采用的门和窗的格式应当统筹兼顾。

表 3-18　门、窗分类表

类别	图片	
功能	 住户围合	 室内采光
	 户内分隔	 通风

类别	图片

功能

装饰

位置

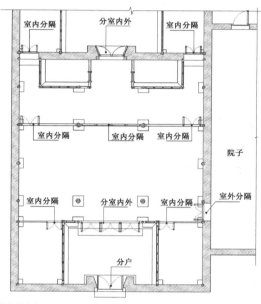

苏州蒯歧生宅门平面布置图

2. 门

门按照工艺分类，可以分为框档门、实拼门、花格门等（表3-19）。

《营造法原》载，框档门由两侧竖向的边挺、上下两端的横头料、中间几道横料"光子"、门板、门轴、抱柱、上下槛、门楹、门臼、门闩、拉手等组成，常以两扇、四扇、六扇或八扇的偶数组合形式出现，门缝处为防止内外看透，往往做成高低缝或者斜缝。

实拼门是用厚约40~60 mm的实木板，通过门背后的明暗穿带拼合而成，由门扇、抱框、上下槛、门楹、门臼、门闩、拉手等组成。

芯子用木条拼成花格图案的，称为花格门。花格门一般由门扇、上下槛、抱柱、门楹、门臼、门闩和拉手组成。门扇一般由边挺、抹头、夹堂板、绦环板、裙板和花格（芯子）组成。

按照其所处位置分类，有户门、屋门、房门、屏门和庭院门等。户门朝向建筑外，一般用实拼门或框档门；屋门用于户内的建筑内外分隔；房门用于建筑内部分隔；屏门用于遮挡、阻隔视线；庭院门用于区分建筑与庭院部分，多用框档门、花格门，简单阻隔视线的屏门也常用简易板门。

表 3-19　门分类表

类别	图片	主要应用位置
工艺	 实拼门	户外大门
	 框档门	房门、屏门
	 花格门	多只用作住宅内部的室内外分隔门，对户外的大门不用

3. 窗（表3-20）

窗按照工艺分类，可分为花格窗、板窗和直楞窗等。

花格窗一般由窗扇和窗框等组成；窗扇包括边挺、抹头、夹堂板和花格（芯子）。与花格窗相比，板窗以木板作为芯子，主要用于院落外，有防护功能。

直楞窗，也叫"直棂窗"，是在窗框内用直楞条的固定窗，主要起对外防护作用，一般与其他窗户配合使用。直棂窗早在《营造法式》就有记载，是一种比较古老的窗的形式，现存案例以木质居多，也有一些以石材仿木的。直棂窗一般由内外两层窗户构成，外窗为固定的直棂窗，内窗常用可以打开的花格窗，简易一些的也有用两块左右可以滑动的推拉板。

按照朝向分类，窗可以分为对外和对内两种。对外有防护需要，常用板窗或者直楞窗。对内主要考虑采光与通风，常用花格窗。

按照开启方式，窗可以分为平开短窗、横风窗、和合窗和固定窗。

平开短窗一般由窗扇、上下槛、抱柱、窗楹、窗臼、风圈和拉手组成。窗扇包括边挺、抹头、夹堂板和花格（芯子）。

如在檩下开设门窗，遇有高大建筑的情况，常在上槛下增设一道中槛，中槛下开设长短窗，中槛上设横向的固定窗扇，通常称为横风窗。

和合窗，北方称之为支摘窗，使用时撑出下沿，向上支撑打开，常用于建筑前檐槛墙或栏杆之上。一樘和合窗，视开间与高度，横向二至三列，中间以立柱分隔；纵向也是二至三排；窗扇的宽度基本一致，高度也大多相同。也有个别案例，受限于各种条件，保持中间一排开启扇为常规尺寸，将上下一排或两排窗户的高度压缩，只用中间一列和合窗，两侧采用固定窗。和合窗高宽比常在1：1至1：2之间。

固定窗一般用于朝外和北侧、不设通风功能的窗户，常见的有直楞窗和板窗。

表3-20　窗分类表

类别	图片	主要应用位置
工艺	花格窗	建筑墙体上或者栏槛上设置的平开窗

类别	图片	主要应用位置
工艺	 板窗	用于对院落外，有防护功能
	 直楞窗	用于朝外和北侧，既可通风又可防护
朝向	 对内	建筑墙体上或者栏槛上设置的平开窗
	 对外	用于对院落外，有防护功能

类别	图片	主要应用位置
开启方式	 平开短窗	建筑墙体上或者栏槛上设置的平开窗
	 和合窗	用作生活休闲性建筑的次、梢间，或者亭阁、旱船的外窗，门厅、轿厅、客厅无此做法
	 横风窗	建筑檐口过高时，安装在门和长窗上部的窗，用以调节槛口的分割比例，降低门的高度，以避免比例变形。
	 固定窗	用于朝外和北侧，既可通风又可防护

三、地域特色做法

1. 门

建筑大门和房门，因其有防护和阻隔视线的要求，常用框档门和实拼门。

将军门是传统建筑中高规格的大门，通常一间或三间，在正间脊檩下开门。门上有额枋和垫板，门两侧有边框，其外是固定的垫板，垫板中间有束腰装饰。左右两扇对开，门轴上部安装在门楹内，门楹往往通过门簪固定在额枋上；门轴下端置于抱鼓石后尾上的石臼内，因为门槛较高，一般都做成活络的金刚腿。将军门的做法全省各地区基本类似。

除将军门外的其他建筑的大门，往往安装在前檐檩或者前金檩下。如南通地域的蛮子门，中间开启部分安装框档门，两侧固定部分往往安装垫板，中间以束腰隔开，这种做法类似于将军门。太湖地域的蛮子门常使用框档门，全部开启，没有固定扇，考究的会还在门板上钉人字纹或者席纹竹片，称为"竹丝大门"。

如意门，即在正间墙上的门洞内开门，多用实拼门，在常用砖檐的淮扬泰、徐宿和沿海地域较多见。

太湖、宁镇地域的墙门或门楼，多用实拼门，考究的还在门上镶嵌方砖，起前后两进之间的防火作用。

屏门多用于建筑后金檩下，分隔视线并可设饰，大多是单面木板的框档门。太湖和淮扬泰地域的屏门，考究的做法是正反两面都嵌木板，《园冶》称之为"鼓门"。此外，太湖地域的屏门有涂饰白色油漆的传统做法，当地称为"白缮门"，是一种有特色的地方做法。

房门用于围护特定房间，多用框档门和实拼门，常见两扇对开。

花格门常用在建筑群内部建筑的主要出入口，以正间居多，有时次间、梢间也用。扬州地区的建筑群中，跨院之间也使用花格门，只是将花格替换为实心竹片条，也称"竹丝门"。

按《营造法式》规定，花格门的裙板与花格的高度比为 1：2；按清工部《工程做法则例》规定为 2：3；按《营造法原》记载，花格门"以四六分派，自中夹堂顶横头料中心，至地面连下槛，占十分之四"。从全省现存实物来看，大多按照《营造法原》记载的原则，只是基本没有严格按照以上比例的，只能说大体上相差不大。如徐宿地域的花格门，一些五抹头的，上下比例接近对半，常在顶上减去一个抹头和夹堂板。

2. 窗

窗也是建筑立面的重要装饰物，讲究美观。太湖地域相较其他地区，气候更为潮湿，阴雨天也多，所以更加强调采光与通风，往往整间开窗，尺度大的则上面用横风窗，下面用木槛和可移动的裙板；所用的材料也更为纤细，采光面更大，题材以古朴淡雅为主。淮扬泰地域，历史上因其商业文化浓厚，窗户更重雕饰，款式比较多变。

平开短窗有着最为广泛的使用。大部分平开短窗都是四抹头，也有少数用五抹头，多见于太湖、南通、淮扬泰地区的明代建筑中。一般用于朝向院子的次间和梢间，一樘常见四扇、六扇的，开启方向以向庭院外开居多。

与短窗的组成相比较，横风窗没有夹堂板，仅二抹头，花格形式一般与下面门窗一致，宽高比与下面门窗的花格基本接近。按《营造法原》记载，两扇门窗，上面对应一扇横风窗，常见的六扇门窗，一般对应的就是三扇横风窗。现存实物多是这种做法，也有整个横风窗为一扇不分段的做法。在木檐使用较多的太湖、宁镇和南通地域，经常在前檐下使用横风窗，而使用砖檐较多的徐宿和沿海地域则不多见。

和合窗和固定窗在太湖和淮扬泰地域较为常见，通透的固定窗多用于重要的对景部位。

门窗的花格种类繁多。明代及清早期的花格较为简练，常见的有满天星、柳条式等，花格外常覆以明瓦，将竹片固定在芯子上；清中期以后，随着玻璃的推广使用，芯子的中心部位往往放大以镶嵌玻璃，造型也更加多变。太湖地域以淡雅为主，常见柳条式、万字式等；宁镇、淮扬泰、南通地域相对瑰丽一些；徐宿和沿海地域则主要以实用为主，简练大方。

第七节　正脊

一、概述

正脊：按照屋脊所处位置，可分为正脊、垂脊、戗脊和搏脊等屋脊。正脊是屋顶最高处的水平屋脊，一般包括脊身、龙腰和脊头三部分。脊身是屋脊的主体部分，主要用于屋顶交界处的防水，同时也使建筑更加美观。脊头是脊身两端的收头，题材和形态丰富多姿，有鲜明的装饰作用和等级意义。龙腰是正脊中间的装饰物，常以砖瓦为原材料，以泥塑工艺制作，用于建筑群中的主要建筑如门厅、正厅和楼厅等，辅助建筑基本不用。

正脊是体现建筑形制、地位和精细度的重要部品，一般来说，正脊的高度、形式、工艺做法与建筑的等级是相对应的。

二、分类

1. 脊身（表3-21）

脊身按照工艺有清水与混水两种做法。用烧制好的陶土花板或做细清水砖、筒瓦砌筑屋脊，外表面不做抹灰，称为清水屋脊；用砖、瓦砌筑屋脊，外表面用抹灰的做法，称为混水屋脊。

按照断面形态，脊身可分为筑脊、花筒脊、花砖脊、游脊和黄瓜环脊五大类。

筑脊由直立或斜向砌筑的小青瓦和横向瓦条、滚筒和脊座等组成。建筑等级往往以瓦条数量的多少作为一种区分标准。按照瓦条数量不同，筑脊一般可分为无瓦条筑脊、一瓦条筑脊、二瓦条筑脊、滚筒三瓦条筑脊、滚筒四瓦条和滚筒五瓦条屋脊等。

花筒脊是指脊身主要由筒瓦搭砌而成的屋脊，有亮花筒和暗花筒之分。

花砖脊是以加工过的青砖或者烧制的各色窑砖为主要材料砌筑的屋脊。

游脊是在基座上将小青瓦由中间向两侧摊开、不加修饰的屋脊。

黄瓜环脊在屋脊处不用基座，在屋脊两侧第一张瓦上直接用黄瓜环瓦覆盖。

表3-21　脊身分类表

类别	图片
工艺	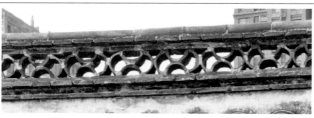 清水
	 混水
断面	 筑脊

类别	图片
断面	

亮花筒脊

暗花筒脊

花砖脊

游脊

黄瓜环脊

2. 龙腰(表3-22)

按照腰花题材分类，龙腰一般可分为瑞兽类、人物类、宝物类和植物类等。瑞兽类如龙、凤、麒麟、狮子、鲤鱼等，公共建筑群如庙宇道观多用龙、凤，其他的用于民居建筑群的主要建筑；人物类主要有神仙如八仙、三星、和合二仙，历史人物如刘关张、东方朔等，主要用于祠堂、民居大厅等处；宝物类如暗八仙、八宝、金钱、如意等，植物类如万年青、荷花等，基本都用于民居的主要建筑中。

按照工艺分类，龙腰有清水与混水两种。

表3-22　腰花分类表

类别	图片	
题材	 　瑞兽类	 　人物类
	 　宝物类	 　植物类
工艺	 　清水	 　混水

3. 脊头

按照题材，脊头一般可以分为动物类、器物类和植物类三种。动物类如龙吻脊、鱼龙脊、哺龙脊、哺鸡脊、雌毛脊、蝙蝠脊等，龙吻脊与鱼龙脊主要用于公共建筑如庙宇、道观等，常配合各类花筒脊使用；器物类如纹头脊、金钱脊等，多用于民居的主要建筑，常配合筑脊使用；植物类如甘蔗脊、果子脊、灵芝脊等，主要用于民居中的辅助建筑。

按照工艺，脊头有清水和混水两种。清水是砖细做法，混水则是泥塑。

表 3-23　脊头分类表

类别	图片
题材	 植物类  器物类  动物类
工艺	 清水  混水

三、地域特色做法

1. 脊身

太湖、淮扬泰地域的屋脊以轻灵多变见长，徐宿和沿海地域的屋脊多尚稳重大方，宁镇和南通地域则介于两者之间。

清水屋脊，多见于徐宿、沿海地域；混水屋脊，多见于宁镇、淮扬泰、南通和太湖地域。

筑脊在江苏大部分地区都有使用，太湖、宁镇、南通和淮扬泰地域比较常见，徐宿和沿海地域也有使用。形式基本类同，具体做法上存在一些地域差别。

太湖地域的筑脊，顶部用灰浆做盖头灰，两端用脊头收头，基座上不用线条，这种做法基本上只在辅助性建筑或者围墙上使用；在基座上先砌筑一路线条、上面筑脊的，称为一瓦条屋脊，常用于一些辅助性的小建筑；砌筑两路线条、上面筑脊的，称为二瓦条屋脊，两路瓦条间距约 25 mm，之间形成"V"形断面，称为"交子缝"，常用于民居中的主要建筑；等级高、体量大、做工考究的建筑脊身在前者基础上放大尺寸，在脊座上用青砖、筒瓦砌筑滚筒，然后依次向上砌筑二路瓦条（瓦条间的间隙 50 mm），宿色，再砌筑一路瓦条，上面为筑脊和盖头灰，这种滚筒三瓦条屋脊俗称"滚筒三线"。

南通地域的筑脊，简易的无瓦条筑脊、一瓦条与二瓦条筑脊，除了脊顶都不用盖头灰，其他做法与太湖地域相类似；三瓦条屋脊在脊座上先砌筑一路瓦条，然后宿色，再砌筑二路瓦条，间以交子缝，上面筑脊，也不用盖头灰；滚筒的使用与太湖地域相同，都是在脊座上以筒瓦对合形成，外面做粉刷，在滚筒上出线，复杂的出线有三到五层。

宁镇、淮扬泰和沿海地域的无瓦条至二瓦条筑脊与南通地域类似，只是筑脊的小青瓦不用立砌而用斜砌；三瓦条及以上都不用滚筒，直接在脊座上起线，多至四到五层。扬州地区的筑脊，有在花筒脊上筑小青瓦的做法，比较特殊。

花筒脊一般由筒瓦、小青瓦或砖细砌成的通透脊身和横向瓦条、滚筒、盖筒和脊座组成。

太湖地域的花筒脊，常见的有五瓦条花筒脊（包括亮花筒与暗花筒）、七瓦条花筒脊和九瓦条花筒脊。花筒部分，有的实心，用四瓣花或者其他泥塑装饰，称为"暗花筒"；空心砌筑的则称"亮花筒"，通常由筒瓦切割拼合而成，图案常见的有如意、宝珠等。也有一些屋脊的脊身，两者交替使用。花筒脊主要用于公共建筑，民居一般不用。

宁镇、淮扬泰、南通地域花筒脊的脊身，有用小青瓦拼合而成的，图案常用金钱纹和万年青纹等；有用筒瓦拼合而成的，图案有银锭和宝珠等；也有用砖细加工而成的，图案有"寿"字和"福"字等。一般不用滚筒，直接在脊座上起瓦条修饰，顶上用筒瓦盖顶。这种脊身通常不做粉刷，属于清水屋脊做法。

花砖脊由盖筒、笆砖、陶土花板、太平砖和脊座组成。在脊座上砌一至二层太平砖线条，上面砌筑由笆砖加工的滚筒或者陶土烧制的花砖，再砌筑燕翅笆砖和一至二层砖线条，顶上盖筒瓦。这种做法常见于徐宿地域，是这一地域所特有。此外，徐宿地域除了筑脊与花脊，还有相当数量的皮条脊，屋脊不用小青瓦筑脊，仅用青砖、笆砖出线，用筒瓦盖顶。

黄瓜环脊用于卷棚顶建筑，屋脊处仅用黄瓜环瓦，正反两种，一底一盖使用。这种屋脊多用于园林式建筑。

最简单的称为"游脊"，就是在脊座上仅用瓦片由中间向两侧斜向侧铺，两端不用脊头，仅用几块瓦平铺收头。这种做法只在低等级的民居建筑中使用。

2. 龙腰

太湖地域的龙腰制作工艺精湛，材料主要是纸筋灰，在完成的脊身外侧进行堆塑，种类繁多，表3-22中四类题材基本都涵盖了。

相比较太湖地域，宁镇、南通、淮扬泰、沿海地域传统建筑用龙腰的案例不多，工艺也相对简单一些。南通的腰花，考究的是在屋脊中间用砖砌出一个盒子，外面用雕饰，简单一些的用瓦搭出万年青图案，或在中间用纸筋灰粉出素面盒子。泰州的腰花常用一个扇面的盒子，素面或者粉出花纹。徐宿地域传统建筑脊式更为简洁，屋脊正中基本不用龙腰。

3. 脊头

江苏传统建筑的脊头，总体上呈现出两个特点，第一，公共建筑与民居大不相同，前者多用龙吻脊或者鱼龙脊，威严庄重，后者的种类繁多，如雌毛脊、纹头脊等，五花八门；第二，变化最多的是太湖地域，然后依次宁镇、南通、淮扬泰、徐宿和沿海地域，由南向北逐渐简化的趋势。

脊头中应用最为广泛的应属雌毛脊，全省各个地域都有使用。两端形态似弯曲的牛角逐渐向上翘起，除了细节略有区别，大体形态都相类似。这种屋脊历史悠久，大多用于民居中的主要建筑。太湖地域的雌毛脊，多清水素面，屋脊本身比较平缓，到脊头处起翘高，瓦片也从竖直逐渐向端部斜倒，端部以单张滴水瓦收头。南通和淮扬泰地域的雌毛脊，有的与太湖地域相类似，也有的角度比较平缓，最后多以泥塑的书卷头收头。徐宿地域的雌毛脊与上述都不相同，首先是不用筑脊而用清水砖脊，通过砍削青砖，形成砖线、滚筒和盖顶；其次屋脊头整体上比较平缓，起翘不高，主要是脊座两端在山墙端头处，以勾头瓦盖在山尖处，上面出挑两层笆砖（以青砖砍削而成），砖线与滚筒在此基础上层层出挑、逐渐抬高，形成雌毛脊的起翘。

甘蔗脊是一种比较简练的屋脊头，在太湖、宁镇、南通和淮扬泰地域都有广泛使用，脊头呈方形，回字纹。多用于民居中的辅助性建筑。

纹头脊在太湖、淮扬泰、沿海地域都有使用，尤其在太湖地域，案例较多。纹头脊有硬景（直线）与软景（曲线）的区别。太湖地域的纹头脊，硬景的居多，软景也有，俗称"藤茎纹头脊"。淮扬泰地域的纹头脊属于软景，脊头向上卷曲如书卷，中间以泥塑藤蔓作为装饰。沿海地域的纹头脊与其他地方都不相同，整体呈梯形，里侧小，外侧大，由低逐渐向外高起，中间也饰以藤蔓。

此外，徐宿地域有些民居建筑屋面正脊用花板脊，屋面两侧采用垂脊和岔脊、山墙做排山的做法，与之相对应，屋脊头常用哺龙脊或者插花云燕。其他地域的民居中不用垂脊，只在公共建筑中使用。

撑脚，是指在挑出的屋脊头下或者两个屋脊头之间，用瓦或者砖镂空拼搭形成寿字、喜字、花篮等图案，撑住屋脊头的做法，淮扬泰和沿海地域较为常见。

第八节　翼角与攒尖

一、概述

翼角是由老角梁、仔角梁、角檐椽、角飞椽、角斗栱及与之相关的一些附属部件组成，建筑的屋角逐渐上翘前伸，形成一条和缓的曲线。

攒尖多用于亭、阁、塔等中心结构对称式建筑，屋面较陡，无正脊，数条垂脊交合于顶部，上覆宝顶。

二、分类

1. 翼角

翼角轻盈、起翘高耸是传统建筑的标志性特征，并有特定的起翘规则。江苏省传统建筑的翼角起翘分嫩戗发戗与水戗发戗两种。

嫩戗发戗，即于转角处呈水平角度45°架角梁在廊桁与步桁之上，此角梁称为老戗，在老戗的下端竖立相似的角梁，二梁相连成一定角度，上面的角梁称为嫩戗。老戗和嫩戗之间，填以菱角木及扁担木等以加强连接。老戗上架檐椽，嫩戗上架飞椽，檐椽与飞椽皆以步桁处戗边为中心，椽端逐根加长，形成曲线与老戗嫩戗头相齐，亦称摔网椽。

水戗发戗，出现年代稍晚，戗角屋面较平，其构造较嫩戗发戗简单，屋面基层完成后，在戗角处筑水戗脊。水戗发戗多应用于体量较小的建筑，水作部分的构造较之嫩戗发戗的水作具有更大的灵活性，其做法可分为不设飞椽和设飞椽两种；又以戗角檐椽的排列方式不同而分为百脚椽与摔网椽两种。

　　江苏省内现存实物中应用较多的是嫩戗发戗做法，常见于大式建筑和高等级的园林建筑；水戗案例较少，多为附属建筑和一般的园林建筑。

表 3-24　翼角分类表

类别	图片
嫩戗发戗	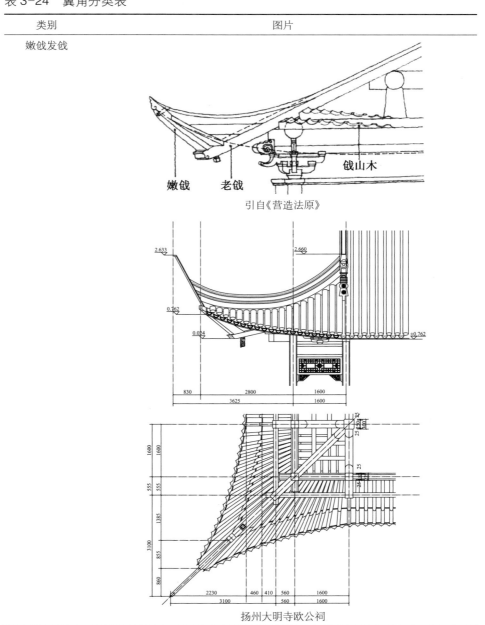

引自《营造法原》

扬州大明寺欧公祠

类别	图片
水戗发戗	环秀山庄边楼

2. 攒尖

攒尖分平梁、灯心木做法两类（表3-25）。

平梁做法，是在相对的两根檐桁上加一根平梁，平梁上架短柱，老戗后尾插入短柱。为提升屋面坡度，在老戗上方再加一层仔角梁，仔角梁后尾也插入短柱中，短柱上端做宝顶，此种方式做出的屋面坡度大或陡峭。

灯心木做法，不加平梁，老戗后尾直接插入灯心木，本质上是用老戗挑起灯心木，灯心木上端做宝顶。

表3-25 攒尖分类表

类别	图片
平梁做法	怡园小沧浪亭（引自刘敦桢《苏州古典园林》）

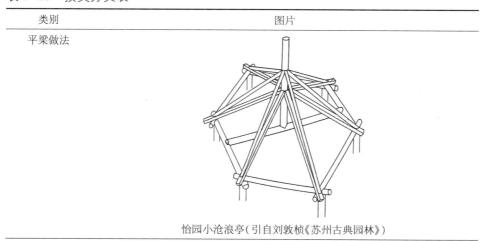

怡园小沧浪亭（引自刘敦桢《苏州古典园林》）

类别	图片
灯心木做法	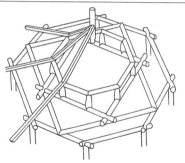

拙政园塔影亭（引自刘敦桢《苏州古典园林》）

三、地域特色做法

1. 翼角

翼角起翘做法一般用在园林建筑和高等级的大式建筑中，江苏省内现存实物主要集中在宁镇、淮扬泰、太湖地域，其他地区仅有少数案例。因此本研究工作选取了宁镇、淮扬泰、太湖地域的案例进行对比分析。

本书选取嫩戗发戗案例相关数据如下表所示：

表 3-26　嫩戗发戗案例相关数据表

所测建筑	南京朝天宫大成殿	扬州何园牡丹厅	扬州西方寺大殿	扬州大明寺欧阳祠	常州红梅阁	常州文庙大成殿	无锡华孝子祠享殿	无锡二泉四面花厅	苏州玄妙观三清殿	苏州北寺塔
面阔间数	9	5	5	7	5	5	3	3	9	
出檐（mm）	2339	825	1581	1427	1069	1426	1026	610	2263	1375
出冲（mm）	1257	986	980	1371	996	1346	247	387	1047	986
起翘（mm）	1144	526	372	762	1002	1033	497	466	1232	526
戗夹角（°）	146.84	132.93	162.10	146.12	124.73	115.03	147.57	142.13	130.34	134.00
出冲/总平出	0.77	2.22	0.93	1.57	1.60	1.42	0.35	0.87	0.55	0.72
冲翘比	1.10	1.87	2.63	1.80	0.99	1.30	0.49	0.83	0.85	1.87

从调研数据来看，出檐尺寸与建筑体量关系较大，面阔九间的朝天宫大成殿与玄妙观三清殿出檐均在 2 m 以上，其次是七开间、五开间的大式建筑，出檐在 1.5 m 左右，出檐最小的为园林和小式建筑，出檐在 0.5 ~ 1 m。嫩戗

与老戗的夹角，一般夹角越大起翘幅度越小，苏常地域夹角在 120°左右，无锡和宁镇、淮扬泰地域多在 140°以上。

翼角的形态受到多种因素影响，本次研究提出冲翘比，即出冲尺度与起翘尺度的比值。冲翘比大，说明出冲大而起翘小，立面檐口曲线较缓而平面檐口曲线较陡；反之，则说明出冲小而起翘大，立面檐口曲线较陡而平面檐口曲线较缓。从冲翘比来看，淮扬泰地域的冲翘比最大，达到了 2 左右，宁镇地区次之，冲翘比均在 1 以上，而太湖地域则多小于或等于 1。因此从屋檐形态特点来看，淮扬泰地域"大冲小翘"，太湖地域"小冲小翘"，宁镇地域的冲翘比则介于两者之间。

摔网椽数量上（不含直挺摔网椽），宁镇、淮扬泰地域均为奇数而太湖地域多为偶数，除苏州、无锡外多为均匀布椽，苏州、无锡地区靠近老角梁处椽间距变小甚至最后几根椽的椽头挨椽头，如苏州玄妙观三清殿、苏州北寺塔、无锡华孝子祠等。

椽头处理上，淮扬地区的飞椽椽头垂直于地面且沿出冲曲线切削，宁镇地域不做任何处理，太湖地域两种做法皆有，主要跟是否用封檐板相关，用封檐板的椽头需要沿曲线切削，无封檐板的则不做处理。

水戗发戗实质上是老角梁上直接安置仔角梁，仔角梁不上折。水戗发戗有微小的出冲与起翘，起翘一般在两椽径左右，出冲在一点五椽径左右，在比例上大致符合"冲三翘四"。

2. 攒尖

攒尖的大木作在省内基本无差别，水作差别较大，太湖、宁镇地域的屋脊基本都是混水作，淮扬泰地域多为清水作。

第九节　山墙

一、概述

山墙是建筑物的重要立面，具有特别的美观作用。山墙一般由墙体、压顶、垛头和勒脚等部分组成，对建筑起围合、防护作用，不用边贴而直接搁置檩条时，山墙也是承重墙。

垛头，北方叫墀头，由上部的盘头、中间的墙身与下部的勒脚组成，主要用于硬山建筑正面檐下与山墙的屋檐交界处。盘头是其中最具特色的部位，常由混线、枭线、陡砖等组成。垛头是硬山建筑山墙必不可少的部品。

二、分类

1. 山墙（表3-27）

按照材料分类，山墙可以分为砖墙、土墙、石墙、木墙和混合墙等。明代以后传统建筑山墙以砖墙为主，多为实砌青砖；土墙主要是夯土墙，也有用土坯的；石墙是以块石或者毛石砌筑的墙体，偶有用片石的，卵石绝少用于山墙；木墙以木板作为山面的围护，江苏极少使用；混合墙有砖土混合、砖木混合和砖石混合等，主要材料都是砖。

按照工艺分类，山墙有清水墙和混水墙。清水墙对砖的尺寸规格、色泽和质量都有较高要求。

按照形制分类，江苏传统建筑山墙可分为硬山山墙和悬山类（包括悬山、歇山、庑殿等）山墙。硬山山墙又可分为人字墙、屏风墙、观音兜、云山墙等。现主要介绍硬山山墙。

表3-27　山墙分类表

类别	图片
材料	 砖墙　　　　　　　　　土墙  石墙　　　　　　　　　砖土混合墙

类别		图片
材料		砖石混合墙 　　　 木墙
工艺		混水 　　　 清水
形态	悬山	悬山 　　　 悬山—搏风
		悬鱼
	硬山	垂鱼 　　　 人字山墙

类别		图片

形态　硬山

硬山搏风(苏州东山某宅)　　　　屏风山墙

观音兜山墙　　　　　　　云山墙

2. 垛头/墀头

按照出檐关系，垛头可以分为檐椽垛头和飞椽垛头，分别与檐椽、飞檐椽对齐，出檐长度不同，形态各有特点。

按照工艺分类，垛头有清水与混水两种做法。清水垛头是用青砖或砖细加工的做法，混水垛头是在砖砌体外覆盖纸筋灰粉刷层的做法。

按照用砖方法不同，垛头可分线砖垛头与陡砖垛头两类。前者以砖线叠涩形成，后者在线砖下用陡砖修饰。陡砖是重要的修饰部位，常见做法有二种，一种是素面的，仅在周边起线，《营造法原》称"一块玉"；另一种是用泥塑和砖雕修饰，常见的雕塑题材有神物、器物、动物和植物等。

表3-28　垛头/墀头分类表

类别	图片

出檐关系

飞檐椽垛头　　　　　　　檐椽垛头

类别		图片

工艺

清水　　　　　　　　　　　　　混水

用砖方法　线砖垛头

砖线叠涩

陡砖垛头

素面　　　　　　　　泥塑

砖雕

三、地域特色做法

1. 山墙

江苏传统建筑山墙中砖墙应用最广泛；石墙主要应用在盛产石材的地区，如连云港等。土墙是古老传统的墙体，随着砖墙普及而被取代，目前仅用于表现文旅功能，在一些地区中的经济相对滞后地段还有少量使用。木质山墙主要用于一些悬山建筑，现存少量实物多在太湖地区。砖石混合墙主要在徐州和连云港等盛产石材的地区使用，砖土混合墙主要在苏北地区，如淮安、徐宿、沿海地区，内土外砖被当地人俗称"里生外熟"，也有下砖上土的做法，都是出于节省费用的考虑。砖木混合墙和木质山墙一样主要也是见于太湖地域的一些悬山建筑。

各地用砖的尺寸大小不一。太湖地域常见的传统砖称为"二斤砖"（200 mm×100 mm×20 mm），砖砌墙体厚度常在300~390 mm，烧制青砖所用的材料为当地黏土，土质细腻，砖色呈黑色；徐宿地域常见的砖尺寸为300 mm×150 mm×70 mm，墙厚常在450~600 mm，因其所用材料为黄土，砖色呈灰色；淮扬泰地域常见的砖尺寸为260 mm×140 mm×60 mm，墙厚常在400~520 mm，其砖色介于前两者之间。全省从南往北，总体上呈尺寸渐大、色泽渐浅的特点，应是气温和土质的影响使然。

从工艺上看，清水墙以砖、石砌筑，以白灰勾缝，外表面不施粉刷；混水墙是在砖墙面用纸筋石灰进行粉刷，最后涂以石灰水。太湖地域除部分民国建筑外，基本都用混水墙，形成"粉墙黛瓦"的地方特色；宁镇、南通地区清水、混水墙两者兼用，几近平分秋色；淮扬泰地域基本上都是清水砖墙，较少粉墙；徐宿和沿海地域多用清水工艺，有清水砖墙、清水石墙和砖石夹砌清水墙，为了强化结构，常用印子石在山墙转角部位进行加固。

以砌筑方法来分，常见的有平砌、立砌和混合砌。平砌又称"扁砌"或"仄扁"，有顺砖与丁砖的区别，常见的如"三顺一丁""五顺一丁""满顺满丁"等。立砌也叫"空斗"，中间加入碎砖瓦、土坯等填充料，常与平砌上下间隔砌筑，常见的如"三斗一卧"砌法。

太湖地域，传统砌筑主要用二斤砖，砌筑方式主要有扁砌、斗砌和混合砌三种；当地人把扁砌称为"实滚"、斗砌称为"空斗"、混合砌称为"花滚"。扁砌又分为实滚、实扁、实滚芦菲片三种；斗砌又分为单丁、大镶思、大合欢和小合欢等；混合砌也可分为花滚和实扁镶思等。一般来说，扁砌最为讲究，用砖量也最大，常见于公共建筑和考究的厅堂建筑；斗砌最为简陋，用砖最省，一般只用于普通民居。

宁镇、南通、淮扬泰地域常见的墙体扁砌有三顺一丁、五顺一丁、一顺一丁；斗砌的有三斗一卧、五斗一卧等，斗砖一般一顺一丁。徐宿地域基本以扁砌为主，常用数皮顺砖夹砌一皮丁砖的方式，主要有三皮一丁、五皮一丁、七皮一丁等，当地称为"三顺一丁""五顺一丁"和"七顺一丁"，与前文讲的"顺""丁"不是一个概念。

还有一些比较特殊的砌筑方法，如苏州、淮安的十字缝，全部用顺砖；又如宿迁有在山墙下部用常规砌法、山尖部分用人字纹砌筑，都是颇有特色的地方做法。

徐州和连云港地区出产优质建筑石材，因此多用砖石混合墙和石墙。连云港的石墙常用镶塑工艺，在墙面上塑金钱、葫芦等吉祥图案，独具一格。

在砖还没有大量使用的年代，山墙多以夯土砌筑，屋顶两侧为保护山墙，檩条出挑，形成悬山，檩条端覆以木制搏风和悬鱼、惹草。砖大量使用后，山墙逐渐都用砖墙，硬山做法逐渐成为主流，搏风也成为装饰物，民国开始逐渐简化直至消失，山墙的形式也变化更多。

太湖地域的大部分建筑和宁镇、南通地域的部分建筑用混水墙面，其中明代建筑山墙普遍做出搏风，因举折较深，屋顶侧面和搏风的曲线张力弹性甚为优美；清代建筑举架较浅，曲线弦高减短；民国以后建筑屋面渐见平直，侧面曲线变成了直线，搏风也蜕变成砖线。

淮扬泰、徐宿、沿海地域和宁镇、南通地域的部分建筑，用清水硬山墙，下碱常砌筑砖勒脚。

（1）搏风

搏风是硬山墙很有特征的部品，常见的有混水砖搏风、清水砖搏风和木搏风。

混水砖搏风主要见于太湖地域明清建筑，在山墙上砌筑，先出直檐一道，然后出半混，再出直檐一道。搏风整体呈山尖宽、两头窄的形态，苏州香山帮有"脊三步二廊一尺"的说法，搏风头为一反"S"曲线接一个圆形图案，如太极图等。

清水砖搏风主要配合清水山墙使用，用青砖切割打磨，砌筑方式与前类似，只是搏风的宽度多做成上下一致，搏风头类似北方的麻叶头，一般都用万字、花草等砖雕修饰。

木搏风主要用于公共建筑中的悬山与歇山建筑，民居中使用很少，现存实物案例仅有徐宿地域的少量民居。

（2）墙式

各式山墙中，"人字"硬山墙最为普遍，在江苏各地区最为常见。其前后两坡，形式简练，山墙与屋面之间通过出挑的望砖或者搏风交接。

屏风墙也叫封火山墙，是建筑间用来防止火灾蔓延的一种高出屋面的墙体，全省各地都有分布。屏风墙的形式多种多样，常见的有单峰屏风墙、三山屏风墙、五山屏风墙、观音兜、云山墙等，多以屋脊为中心前后基本对称。

单峰屏风墙，上下尺寸一般大小，宁镇、淮扬泰、徐宿地域较为常见，俗称"太平山"。另有一种常见于无锡，屏风墙从屋面部分向山墙两端出挑，形成上大下小的动态感。

三山屏风墙和五山屏风墙应用最为普遍。三山屏风墙一般用于进深较小的建筑，以前后檐为基准，平均分成三份半，中间一山占一份半，前后两山各占一份，中山高出 1400～1600 mm 左右，以屋脊居中前后对称。五山屏风墙主要用于进深较大的建筑，亦以前后檐为基准，平均分成五份半，中间一山占一份半，其余各占一份，两山之间高差 1200～1500 mm 左右。太湖地区的大进深建筑还有七山屏风墙的做法。

观音兜山墙因其上部形状如观音像的风帽而名，有全观音兜和半观音兜的分别，兜顶都是半圆形或弧线形。全观音兜是指山墙从檐口到屋顶，硬山侧面全部封护的做法，观音兜一般高出脊座 1200 mm 左右。半观音兜是指仅封护步柱以上山墙的做法，大多比脊座高出 900 mm 左右，从金檩开始起坡。观音兜做法在太湖、宁镇、南通和淮扬泰地域多见，江苏其他地域基本不用。

还有一种山墙，墙顶弯曲如云、走势灵活，多称为云山墙。太湖、宁镇、淮扬泰地域有一些案例。

2. 垛头(墀头)

公共建筑的垛头一般以混水或飞砖为主，轮廓简练稳重；民居中考究的厅堂多用清水带陡砖的垛头，以砖雕进行修饰。

清水垛头的勒脚与墙身的做法大同小异，而盘头的做法变化较多，也最能体现建筑的等级与考究程度。

清水砖墙的盘头，只有檐椽的一般仅以砖线叠涩出挑 3～9 层，第一层与最后一层一般为直檐，中间以混砖与枭砖交替使用，宁镇、淮扬泰、徐宿和沿海地域较为常见。有飞檐椽的盘头出挑大，在多路线条中加入陡砖，考究的常以砖雕或泥塑修饰，变化非常多。《营造法原》记载有飞砖式、纹头式、吞金式、朝版式等，太湖和淮扬泰地域使用最多。

混水盘头基本包括几路线条、兜肚、飞砖等几部分，兜肚是主要的看面，考究一些的用堆塑。混水垛头多见于太湖、宁镇、南通地域的普通民居中。

第十节　包檐墙与槛墙

一、概述

包檐墙：用砖包砌的建筑前后檐墙称为包檐墙。

槛墙：窗下墙称为槛墙，用于次间、梢间。

二、分类

1. 包檐墙（表3-29）

按照工艺分类，有清水与混水两种做法。清水常用在比较考究的建筑，混水常用于普通民居建筑。

按照面饰风格，可分线砖包檐墙与花砖包檐墙两种。前者指在檐下用几路飞砖叠涩出挑的包檐墙，相对简练；后者指用抽屉砖、菱角砖等拼成多种纹饰组合的包檐墙。

表3-29　包檐墙分类表

类别		图片
工艺		清水　　　　　　　　　　混水
造型	线砖	　　鸡嗉檐

类别		图片
造型	花砖	 
		菱角檐　　　　　　　　　　　抽屉檐

2. 槛墙（表3-30）

按其工艺特点分类，槛墙有清水和混水两种做法。按其材料分类，槛墙有青砖、砖细、木材等。

槛墙的高度常依正间的花格门（落地长窗）定，基本上与裙板上侧抹头高度齐平，厚度常用一砖或一砖半。常见做法是砖细压顶、下外侧贴砖细面砖；用清水墙的，一般内侧与柱中平齐，外侧接山墙面；内侧收头距柱中心线30 mm左右，一般都同室内墙面做法。安装短窗时，在压顶上安装下槛和窗臼。

表3-30　槛墙分类表

类别	图片
工艺	 
	清水　　　　　　　　　　　混水
材质	 
	青砖　　　　　　　　　　　砖细

类别	图片
材质	
	木材

三、地域特色做法

1. 包檐墙

包檐墙的设置与当地的气候、前后外廊的使用有密切关系。保温、防雨、防冻要求高的部位多用砖檐；外廊使用多的，包檐墙就用得少。

太湖地域建筑前后檐主要用木檐，只在直接对外的如门厅或最后一进建筑的前、后檐分别使用砖包檐。宁镇、南通、淮扬泰地域建筑朝向院内一侧基本使用木檐，建筑背面多是用砖包檐。徐宿与沿海地域包檐墙使用最多，主要使用砖檐，木檐较少。

包檐墙的混水做法相对简单，最简单的就是在墙上檐下出挑飞砖（直檐）1~3层，每层出挑40 mm左右，高度在60 mm左右，然后以粉刷饰面。考究的在线条上增加抛枋，高度200~400 mm左右，顶上挑出部分粉勾壶细口等装饰线条。混水包檐墙在太湖地域最为常见，宁镇、南通地域也有使用。

包檐墙的清水做法，一种是使用砖细工艺的考究做法，常见于太湖、宁镇、南通与淮扬泰地域；还有一种是用青砖切割，常见于徐宿、沿海地域。

普通的线砖包檐墙，多用数层砖线叠涩出挑而成，最常见的是鸡嗦檐，最下面是头层檐，中间若干层半混线，常用三层和五层，最上面盖板一层。

做法更为考究的是花砖包檐墙，在线砖的基础上增加砖椽、菱角砖、抽屉砖等，组成各种特色做法，如冰盘檐、菱角檐、抽屉檐等。菱角檐与鸡嗦檐类似，只是在线条中间增加一层或两层菱角砖进行装饰。抽屉檐，相当于在砖椽部位以抽屉砖代替。更为复杂的如冰盘檐，一般由直檐、半混、陡砖、半混、枭线、砖椽和盖板组成七层檐。

太湖、宁镇、淮扬泰和南通地域的包檐墙，清水做法最为考究，以线砖出挑为基础，在线砖下饰以抛枋，复杂的还用砖雕修饰。徐宿和沿海地域的建筑因总体上立面装饰少而偏重檐口修饰，常见的包檐墙有冰盘檐、菱角檐和抽屉檐等。

2. 槛墙

清水槛墙包括青砖和砖细两种。青砖槛墙常见于淮扬泰、徐宿、沿海地域，砌筑方式一般与墙体相同。砖细槛墙常见于太湖、宁镇和南通地域；简单的有错缝、斗方等，复杂一些的有六角、八角等拼花。

混水槛墙在太湖地域最为常见，宁镇和南通地域也有使用。太湖地域的混水槛墙，仅以纸筋灰粉刷，不再另作修饰；宁镇与南通地域的槛墙，有时用划线模仿砖细做法，在粉刷面层上划出八角、龟纹、斗方等图案。

木制槛墙以栏杆与裙板构成，裙板多做成活动的，方便装拆，常见于通风要求较高的太湖地域。

第十一节　院墙

一、概述

分隔庭院的墙体称为院墙，其他如用于对外围合的围墙、户内分隔的隔墙等。围墙功能重在围合防护，一般比较厚重坚实；隔墙功能因其所在环境而多样，形式也更多姿多彩。

院墙一般由压顶、墙身、门窗和勒脚、墙基等组成，高度从 2 m 多到 5 m 不等。常见厚度为一砖（具体宽度按各地砖尺寸），较高院墙的厚度也有用一砖半的。

二、分类

按照压顶形态，院墙可分为瓦顶、抛枋瓦顶、粉刷顶三种（表 3-31）；瓦顶又可分为直线、弧线两种。

按照工艺分类，院墙可分为清水与混水两种。

按照墙基分类，院墙可分为有勒脚和无勒脚。

洞门，是院墙主要的通道，洞口形状丰富多样，可分为几何形、器物形、植物形等（表 3-32）。其中，几何形常见有圆形、方形、六边形、八边形等；器物形包括花瓶形、如意形、剑环形等；植物形有海棠形、葫芦形、莲瓣型、贝叶形等。洞门还分有门扇、无门扇，有门扇的一律称"洞门"，无门扇的俗称"门洞"（与墙体中安装门的"门洞"名同实异）。

花窗，按其通透性可分为漏窗和半漏窗，漏窗指两侧通透的花窗，半漏窗指安装在墙体一侧的花窗。按其工艺也可分为清水与混水。

花窗按其形态可分为几何形、器物形、植物形等。常用的形态中，几何形有方形、圆形、新月形、六边形、八边形等，器物形有如意形、花瓶形等，植物形有梅花形、菱花形、石榴形、栀子花形等（表3-33）。

表3-31　院墙分类表

类别	图片
压顶形态	 瓦顶  抛枋瓦顶　　　　　粉刷顶
工艺	 清水　　　　　混水

类别	图片	
墙基	 有勒脚	 无勒脚

表 3-32　洞门分类表

类别		图片	
形态	几何形	 矩形	 八边形
		 圆形	

类别		图片
形态	器物形	 花瓶形　　　　　花牙形
	植物形	 海棠形　　　　　葫芦形
是否有门扇		 有门扇　　　　　无门扇

表 3-33　花窗分类表

类别	图片
通透性	 漏窗　　　　　半漏窗

类别		图片

形态　几何形

方形　　　　　　　　　　圆形

六边形　　　　　　　　　八边形

器物形

花瓶形

植物形

树叶形　　　　　　　　　葫芦形

类别	图片
工艺	  清水　　　　　　　　　　　混水

三、地域特色做法

太湖、南通地域的院墙多是混水墙，厚度 220～330 mm 左右。淮扬泰、徐宿和沿海地域的院墙多清水墙，宁镇和南通地域两者几乎平分秋色。

院墙压顶，最常见的是用飞砖出挑，然后盖屋面，最后筑脊。小青瓦屋面、游脊顶；考究的用筑脊顶、甘蔗头屋脊，飞砖下常做抛枋，甚至有用砖细抛枋的。简单的院墙顶，出飞砖后仅将顶部粉刷成弧形，简洁大方，如拙政园中的枇杷园围墙。

太湖、宁镇、淮扬泰地域的门洞，边框多采用当地产方砖，用砖细工艺加工，一般厚度 40 mm 左右，特殊的 50 mm 左右。徐宿与沿海地域的门洞，多用青砖或石材切割加工，常见厚度 60～70 mm。

花窗与门洞形式千姿百态、美不胜收，尤以苏南、淮扬泰等地区的园林中更为优美多姿。太湖地域以混水花窗为主，而淮扬泰地域以清水花窗为主。

第十二节　墙门与门楼

一、概述

《营造法原》记载："凡门头上施数重砖砌之枋，或加牌科等装饰，上覆屋顶者，称门楼或墙门"；两者的区别"在两旁墙垣衔接之不同，其屋顶高出墙垣，耸然兀立者称门楼，两旁墙垣高出屋顶者，则称墙门"。无论门楼还是墙门，基本都是砖制，偶有用石。

按照上述记载，墙门与门楼的区别主要在于它与两侧墙体的连接状态，屋面独立、高出两侧墙体的称"门楼";屋面低于两侧墙垣或与两侧墙垣齐平的称"墙门"。墙门做法相对简易,应用普遍;门楼做法精美繁复,民居中主要在院内应用,公共建筑群和富贵大户也有作为主入口的用法。

二、分类

墙门和门楼,按照平面形态,主要有一字形、八字形和凹字形等(表3-34、35)。

按照出挑方式,墙门与门楼可分为斗栱出挑和飞砖出挑两类。前者是在檐下用砖斗栱承托砖椽、砖飞椽,后者是檐下用多层飞砖逐层出挑。

按照枋的数量来划分,主要有单枋、双枋两种。

屋面形制一般常用硬山、歇山。和建筑一样,歇山屋面的门楼、墙门等级更高。

表3-34　墙门分类表

类别	图片
平面形态	

一字形(苏州三山岛师俭堂)

八字形(苏州耕乐堂)

凹字形(苏州东山某宅)

类别	图片	
出挑方式		
	斗栱出挑（苏州某宅）	飞砖出挑（苏州山塘街高宅）
枋的数量		
	双枋（苏州大石头巷吴宅）	单枋（南通某宅）
屋面形制		
	硬山墙门（苏州世德堂）	歇山墙门（苏州芦墟沈氏跨街楼）

表 3-35　门楼分类表

类别	图片
平面形态	 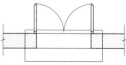 一字形（扬州某宅）

类别	图片
平面形态	

八字形（苏州盛家带苏宅）

凹字形（苏州郁家祠堂）

出挑方式

斗栱出挑（苏州东山雕花楼）　　飞砖出挑（苏州顾宅）

类别	图片
枋的数量	
	双枋(苏州慎德堂)　　　　　　单枋(苏州钮家巷方宅)
屋面形制	
	硬山门楼(苏州陆巷某宅)　　　歇山门楼(苏州某宅)

三、地域特色做法

墙门和门楼在太湖、宁镇、南通和淮扬泰等地域广泛使用。一般来说，门楼的等级高于墙门，用砖斗栱(牌科)的等级高于用飞砖的，用歇山顶的等级高于用硬山顶的。

它们基本都设置在建筑群中轴线上的重要出入口，偶见重要院落的左右侧面顺墙侧向设置；既有围隔和重要的交通功能，其精美的雕饰也体现建筑的考究程度，其中太湖地域和淮扬泰地域的墙门和门楼最具有代表性。太湖地域的墙门和门楼多用于建筑群内部，与这一带传统的人文特点一脉相承，低调内敛，现存实物主要是明清两代的墙门与门楼。明代门楼有凹字形与八字形，简洁一些的在门洞上置定盘枋，枋上出霸王拳类的装饰物，上面再出几层砖线条；复杂一些的门楼已近似清代风格，只是雕饰多简洁，线条流畅、线脚圆润，常用卷草花卉、仙鹤流云题材等。清代的墙门与门楼，多为八字形，更加强调立体感，雕饰的范围更广、题材更多、雕刻更深，特别是兜肚，往往采用高浮雕与透雕结合，题材有人物、动物等，雕饰华丽。

淮扬泰地域的墙门和门楼，多位于大门和仪门前，面向外部，与这一地区经商文化相契合，显现出经济实力。简单的做法与太湖地域类似，只是垛头用丝缝砖做法，不用方砖做细，门洞上有象鼻枭，多不用垛头，以数道砖枋和扁方形砖细墙面修饰，不用砖细、字碑。

太湖、宁镇、南通地域最常见的是三飞砖墙门，一般由台基、勒脚、垛头、下枋、兜肚、字碑、上枋、飞砖或牌科和屋面组成。垛头部分，以八字形的居多，也有一些明代建筑用凹字形垛头。兜肚和字碑是苏南地区门楼的普遍做法，牌科墙门只在比较考究的建筑中使用。

淮扬泰地域的墙门，常见的有额枋式墙门和匾墙式墙门。有的门楼没有垛头，有垛头多为八字形、凹字形垛头。额枋式墙门是在如意门上面增加砖细额枋两道，上面出数层砖包檐。如意门上两侧的象鼻枭和砖枋中间是修饰的重点，一般都用砖雕。匾墙式墙门是在额枋式墙门的砖枋上增加一块砖细墙面，上面增加一道上枋，枋上出砖牌科（形似霸王拳）、砖檐椽和飞椽，两侧增加两根砖柱和两个砖础的墙门。匾墙部分常用砖细拼花，如六角、八角等。

门楼中最为考究的做法为屋顶一般用歇山式，檐下常用一斗六升丁字科砖斗栱，一斗三升内常以透雕的砖枫栱进行修饰，代表性案例如苏州网师园"藻耀高翔"门楼。

淮扬泰地域的门楼，一般由砖柱、下枋、中枋、匾墙、上枋、牌科、檐椽和飞椽组成，屋顶以歇山式最为常见，大多作为建筑物的大门直接朝外，如扬州湖南会馆门楼。

南通地域的门楼，门洞以下部分与淮扬泰地域的类似，墙面用丝缝砖，门洞上用象鼻枭，门洞以上部分与太湖地域类似，用上下枋、牌科、砖椽，只是没有兜肚与字碑。太湖、宁镇、南通地域的硬山式门楼常用三路飞砖出檐，考究的也用一斗三升砖斗栱出檐。

第四章 细 部

第一节 勾头滴水

一、概述

勾头指用于屋面檐口处、扣在合瓦(瓦楞)最前端的瓦件。

滴水指用于屋面檐口处、扣在仰瓦(瓦沟)最前端的瓦件。

除了排水的基本功能，勾头滴水因位于屋面边缘，位置突出且近人而方便观赏，其装饰作用也历来得到普遍重视，遗存构件实物表明，远在战国时代就有制作精美的瓦当。因其处屋面边缘，安装定位要求精确而牢固，否则对建筑物形象会产生明显的不良影响。

二、分类

1. 勾头

勾头按其形状可分为圆形、扇面形和如意形等三类，还有这几类的变体，各类都有很多不同饰纹的实物(表4-1)。

表4-1　勾头分类表

类别	图片	
形状	 圆形勾头(宿迁龙王庙)	 扇面勾头(黎里丁宅)

类别	图片

形状

如意勾头 1（徐州某民居）　　　　如意勾头 2（南通某民居）

组合关系

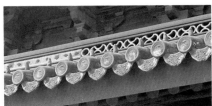 

圆形勾头+如意滴水（苏州玄妙观）　　扇面勾头+如意滴水（苏州忠王府）

如意勾头（倒扣扇面滴水）+如意滴水　如意勾头+如意滴水（南通某民居）
（南通某民居）

 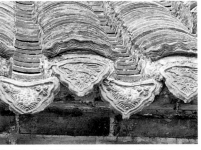

扇面勾头+如意滴水（南通某民居）　　如意勾头（倒扣扇面滴水）+如意滴水
　　　　　　　　　　　　　　　　　（淮安蒋氏宅）

如意勾头+如意滴水（盐城某民居）　　如意勾头（倒扣如意滴水）+如意滴水
　　　　　　　　　　　　　　　　　（连云港某宅）

2. 滴水

按其形态可分为如意形和扇面形两种(表 4-2)。

表 4-2　滴水分类表

类别	图片
形状	 

如意滴水 1(常州吕思勉故居)　　　　　　如意滴水 2(扬州周恩来少年读书处)

扇面滴水(南京甘熙故居)

勾头的类型多于滴水，一般同类组合，不同类型也可以组合应用。常见的勾头+滴水组合有以下几种：圆形+如意形，扇面形+扇面形，扇面形+如意形，如意形+如意形，如意形+扇面形等。总体上应用较多的是如意形和扇形，公共建筑中圆形应用相对较多。

三、地域特色做法

江苏传统建筑中，勾头与滴水通常以一套的形式出现。也有少数案例，不用勾头、滴水或者只用滴水而没有勾头，可能是后期损毁或者受限于经济的原因，不具有代表性。

太湖地域民居常用的勾头俗称"花边"，扇面形，长 180 mm、宽 220 mm，中间常有福寿等纹饰。

南通地域有三种勾头比较普遍，一种扇面形勾头，一种如意形勾头，还有一种是在如意形勾头上加迎风花边，都与滴水组合。

宁镇、淮扬泰、徐宿和沿海地域传统建筑，多用如意形勾头滴水组合。其中淮安在勾头上倒扣一张迎风花边或者滴水瓦；连云港有在勾头上倒扣一张滴水瓦，或不用勾头的做法。

南京有一些传统建筑用的滴水瓦是扇面形的，形似太湖地域的花边，与其他地方的滴水都不相同。

第二节　胜类

一、概述

胜：《山海经》记载，为西王母所带发饰，图案来源于蛇背部的菱形大斑。因其寓意吉祥，这类图案后来也常见于很多器物和建筑中（表4-3）。如花胜，传统女性饰物；彩胜，传统吉祥物或者图案；方胜，在传统建筑中多有使用，有两或三个菱形压角相叠的称为叠胜。

二、分类

表4-3　胜类分类表

类别	图片
组合方式	 单胜（苏州凝德堂）  双叠胜  三叠胜（苏州馀庆堂）

三、地域特色做法

方胜应用地域广阔，太湖地域的民居中最为常见。最有特色的是苏州东、西山岛传统民居，方胜饰纹几似标配；常与云纹配合使用，寓意"胜天"，反映了传统农业社会的一种美好愿景；还有与毛笔、银锭组合构图的，用谐音寓意"必定胜天"，是该地域传统民居（包括官员宅邸）普及的主题纹饰，用于主要、重要位置，如大门门楣的石刻和脊檩的彩画（如东山凝德堂脊檩，见表4-3照片）。南通地域也有少量案例，如南通南关帝庙巷某宅脊檩等。

第三节　彩画

一、概述

以油饰和颜料等用料在建筑木构件上绘制图案，称为彩画。彩画在传统建筑中有着悠久的历史，历代"舆服制"中多有关于彩画的规制，不同类型、饰纹、颜色和用料体现了建筑物等级的高低。彩画也是木构件的有效保护措施，同时具有重要的审美功能。

二、分类

按照构件来分类，彩画可分为檩、梁、椽、配件和其他等形式；按照主题分类，彩画可分为神物、器物、人物等形式；按照色调分类，彩画可分为暖色调、冷色调，见表4-4。

表4-4　彩画分类表

类别	图片
构件	 
	正间脊檩（苏州楠木厅）　　　次间脊檩（苏州凝德堂）

类别	图片

构件

正间金檩（苏州凝德堂） 　　　　　次间金檩（苏州凝德堂）

正间步檩（苏州凝德堂） 　　　　　次间步檩（苏州凝德堂）

梁架（苏州凝德堂） 　　　　　　　梁架（苏州忠王府）

廊川（苏州忠王府） 　　　　　　　枋子（苏州忠王府）

主题

动物（苏州忠王府） 　　　　　　　植物（苏州忠王府）

类别	图片

神物（苏州罗汉堂）　　　　　　　　　　器物（苏州罗汉堂）

色调

暖色调，明代（苏州凝德堂）　　　　　　冷色调，清代（苏州忠王府）

三、地域特色做法

彩画常见于江苏传统建筑，公共建筑与民居都有使用。公共建筑彩画应用相对比较普遍，施画范围亦较广；民居彩画应用较少，应用范围一般仅正间甚至仅正脊用彩画。

江苏传统建筑现存彩画实物主要集中在明、清和太平天国时期。明代彩画以苏州东山最多，存有数百幅；以矿物质为主要颜料，黄、红等暖色为主要基调，以编织物的纹理为主体图案。清代和太平天国时期彩画，以植物质颜料为主，蓝、绿等冷色为主要基调。清代彩画主要见于各地官式建筑上，其形制与北方官式彩画基本相同，以旋子彩画为主要题材；太平天国时期彩画以场景人物为主要题材，多见于太平天国的各地王府，苏州忠王府使用最多、最精致。

太湖、淮扬泰地域的彩画与北方官式彩画不同，具有地方特色。从目前留存案例来看，主要是民居彩画，以锦袱为主要题材。宁镇、南通、徐宿与沿海地域的彩画主要遗存是公共建筑上的官式彩画。

太湖地域的东山，保有相当数量的明代民居，其中很多使用彩画。东山的明代彩画主要集中在正间的月梁与脊檩，金檩、步檩施彩亦有一些。比较著名的如东山凝德堂，正、次、梢各间所有梁、檩、椽等木构件都施以彩画。

传统民居中类似凝德堂这样使用"满堂彩"的，目前仅发现此一例。

东山的檩下彩画也是由枋心、藻头和箍头组成。与北方官式彩画不同的是，它的枋心、藻头和箍头不是连续的，箍头在檩条两端，藻头与枋心在中间，中间有一段空白不施彩画。其次，藻头与枋心占整个檩条接近一半的长度，比起北方官式彩画占 1/3 的比重要大。画面饰纹以绫锦织纹为主，常见图案有方格网式、套方格式、方格套米字格、龟背式等。脊檩彩画在枋心中都用"必定胜天"（毛笔、金锭、三叠方胜、云纹）图案（其他各檩都不用"必定胜天"图案），箍头图案用如意头、西番莲、套环等。金檩彩画与脊檩类似，步檩彩画常与连机相连，包袱由上往下，包袱角直达连机地面中心。梁彩画与檩下基本相似，不同的是两侧和底绘包袱，五架梁的包袱由下向上包裹，包袱角直达梁上皮；三架梁包袱由上向下包裹，包袱角直达梁底中线。椽用彩画一般是松纹图案。

从凝德堂的满施彩画中可以看出，一个建筑群中使用彩画，不同建筑的等级，正、次、梢间的等级，脊檩和金檩、步檩、檐檩的秩序，檩、梁、枋、川、椽的等级，都有相应的纹饰（如必定胜天、包袱、织锦、松纹）、用料（如贴金、墨汁）和施画规则，历史信息内涵非常丰富。归纳总体印象：画面系列整体，色彩基调统一，等级秩序分明，强化中心空间，突出主题祈愿。其他建筑的明代彩画，无论繁简，都未见违反这样归纳的案例。

太湖地域的清代彩画图案与明代基本类似，但不再局限于比较规则的绫锦织纹，还增加了花鸟动物等自由图案。

淮扬泰地域的彩绘以公共建筑居多，如扬州盐宗庙、西方寺大殿，泰州学政试院，主要是包袱彩画与箍头彩画，主题以花鸟为主。

江苏明代民居用彩画的较多，清代及以后的民居使用彩画较少。公共建筑大多用"满堂彩"，柱、梁、檩、枋、椽、斗拱都用彩画，民居主要用于梁与檩。

第四节　油漆

一、概述

"油漆工艺"是以相关油、漆为原材料保护木构件耐腐蚀的传统工艺。除了保护功能，油漆工艺也起重要的装饰作用，特别是对油漆对象的色泽处理选择。

二、分类

按照材料分类，传统建筑油漆的主要原材料可分为桐油与生漆两类基本原料。桐油属于天然油脂类涂料，生漆属于天然树脂类涂料。它们经过调配，用于涂刷木材表面，对木材起到保护与装饰作用。传统上桐油多用于光油的调配，普通民居中多用；生漆多用于广漆的调配，形成的漆膜对木材的保护效果更佳，但其产量相对于桐油较少，多用于等级较高或者比较考究的公共建筑和厅堂。

按照工艺分类，传统建筑油漆可分为退光漆、广漆和光油等三种(表4-5)。退光漆工艺最为复杂，用油料、漆料、灰料、线料、布料等形成地仗，涂刷退光漆并反复摩擦推光；广漆是油漆施工中最普遍的工艺做法，用灰料做地仗不包麻，漆膜丰满透明、不掩盖木纹；光油一般刷三至五遍桐油。

表4-5 油漆分类表

类别	图片	
工艺	 退光漆	 广漆
	 光油	
面层效果	 清水漆	 混水漆

类别	图片

半清水漆

按照面层效果分类，油漆可以分为清水、半清水与混水三种，依据木材材质和成品效果要求而选择应用。一般来说，纹理美观的木材，如黄杨木、银杏木等，为表现其纹理，多用清水做法；而普通的杉木、松木，纹理一般、结疤较多，多用混水做法。

三、地域特色做法

江苏传统建筑普遍采用油漆保护木构件。公共建筑和考究的厅堂建筑多用漆，普通民居建筑一般用油。广漆，因在形成保护膜的过程中需要环境有一定的湿度，一般在太湖、宁镇、南通和淮扬泰等空气湿度较高的地域应用更为广泛。

油漆的颜色主要由矿物颜料调配而成，常用如红色系的银朱、黄色系的土黄、黑色系的轻煤、绿色系的石绿等。传统建筑主要用红色系油漆，在具体的使用上，公共建筑的红色更为纯艳，民居相对偏向枣红色或者栗壳色。从地域上来看，太湖、宁镇、南通地域传统建筑黑瓦白墙、整体素雅，油饰颜色的色调也相对素一些，常用栗壳色。而淮扬泰、徐宿和沿海地域建筑整体相对呈灰色一些，油饰颜色的色调也相对亮一些，多用朱红或者枣红。

油漆颜色很是微妙，因为各人的理解和生理特点对颜色的感应，用"栗壳""朱红""素雅"等文字并不能准确地表达客观的、可以形成共识的色相和色阶，应在广泛收集传统物证的基础上，选择能够代表本地域的恰当颜色案例，制作标准色板并编号，以备选用。

第五章　雕塑与纹饰

第一节　以雕塑材料分类

一、砖雕

用材：砖雕的泥坯，要用泥浆过滤沉淀的"停泥"制作、窖干，在大窑中以稻草文火慢烧，出窑的"停泥砖"，色泽青亮且性韧，适宜砖雕。江苏拥有烧制各种砖瓦的细泥，以生产的砖瓦质地细腻密实久负盛名。特别是苏州陆墓镇(今陆慕镇)一带，向以烧制高品质的砖瓦而著称。据史志记载，从明代始，陆墓就被钦定为"御窑"，为皇室烧制专用的各型清水砖，体现出江苏地区制砖工艺的成熟水平。

部位：砖雕多见于传统建筑出入口的门楼、花窗、影壁、福祠和厅堂的屋脊、墀头、搏风等部位(表5-1)。

表5-1　门的装饰部位

位置	案例	
门头		
门框与过梁		

位置	案例		
雀替			

1. 砖雕门

中国人极重视"门第"的文化，门楼是建筑群的脸面，各地域的建筑大多对门楼进行极力装饰，是砖雕运用最普遍、形式最丰富、工艺最精美的对象。南京明清府衙和祠堂、寺庙大门，多设磨砖对缝八字墙门或牌楼门，檐下装饰磨砖斗栱；会馆和大宅门则多设磨砖门罩。苏南砖雕门罩多设于宅内仪门，大门只设磨砖素罩。门楼砖雕多集中在门头、门框与过梁、雀替、门槛、门枕等构件。明代门楼砖雕相对朴素简约，清代渐重华丽，乃至繁杂奢华而庄重感不足。

2. 砖细花窗

砖细花窗多用在园林建筑及民居中。园林中砖细花窗形式多样，有圆形、壶形、扇形、八角形等多种形式，重视通透以利用透景效果。砖细花窗纹饰可分为两种类型，一种是中心式，花窗中央有主要图案，其余图案作为背景分布在周围，疏密有致；另一种是均布式，花窗图案均布而不强调重点，制作较为方便（表5-2）。

表5-2 砖细花窗的纹饰分类

样式	案例			
中心式	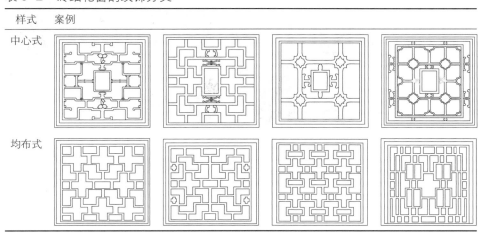			
均布式				

3. 砖雕垛（墀）头

传统建筑中垛头作为收头，多用在山墙（表 5-3）。普通垛头上部挑出，在挑出部分装饰砖雕，有三飞砖、壶细口、吞金、书卷、朝板式、纹头等。等级稍高的垛头用雕砖仿作木椽条，并有简单的雕饰，图案以几何线条为主。

表 5-3　垛（墀）头形式

样式	案例
样式一	 
样式二	

4. 砖雕影壁

较高等级的民居和公共建筑在入口场地前置影壁，作为院内外功能空间的转换标志、建筑群的起始和对景。影壁也是身份、地位的象征，因此都会装饰精美的砖雕（图 5-1）。

5. 雕刻山花

宁镇、太湖地域山花的砖雕多以若干块砖的局部图案拼成整体图案，如曲线形搏风及垂鱼等。徐宿、沿海地域则多为山面镶嵌一幅图案，常见用圆形或方形，使山墙具有观赏性（表 5-4）。

图 5-1　户部山影壁

表 5-4　山花的形式

地域	案例
徐宿、沿海	
宁镇、太湖	

6. 过梁底雕

　　淮安的传统民居中有一种其他地区少见的装饰，是在砖砌大门门宕底面雕饰，称"过梁底"。门屋正间当中用砖砌门宕，门宕上有叠涩砖饰上架木、石过梁，外层和底面贴一方青砖，在青砖上雕饰，图案多为圆形（图 5-2）。

图 5-2　过梁底雕的形式

二、木雕

　　明至清初，木雕整体呈现简约素朴、文雅灵秀的风格，体现出深厚人文内涵的特色。这个时期木雕施作部位相对较少，装饰题材以几何纹和花草纹为主，注重与整体结构的协调呼应。清中期后，木雕渐趋繁丽华美，注重对装饰细节的表现；木雕工艺也日臻完善，追求立体化的工艺技巧和表现效果，发展出透雕、贴雕、嵌雕等多种工艺，形成不同的肌理和表象；施雕部位逐步扩展，雕刻题材日益丰富，木雕装饰的面积愈大、画面气氛愈热烈，建筑构件本身隐退愈加不显，装饰与建筑构件混为一体。

用材：江苏传统建筑木雕装饰主要用榉木、楠木、严柏、樟木、杉木、红松等木料。用于民居建造的木材部分就地取材，还有部分来自四川、浙江、湖南、福建、两广、安徽、东北等地区。大木作中的梁、柱、檩、枋、椽等以杉木、花旗松为主，小木作中的门窗、栏杆、隔断等以杉松、红松、白松、花旗松以及其他易加工、不易变形的硬木为主，大多材类都方便施雕。

部位：建筑木雕一般分为大木雕刻和小木雕刻。大木雕刻主要是指屋架的梁、柱、额枋等大木构件的雕刻，小木雕刻则是隔扇门、窗、挂落等构件乃至部品的整体雕刻。各种木雕工艺有不同的艺术效果，它们在局部有所侧重而在整体上往往综合运用，搭配融合成丰富和谐的装饰形象。梁枋等因处于较远视域范围内，故而注重雕饰形体轮廓，舒朗简洁，遵循"寓装饰于结构"的宗旨，在不损伤结构功能和顺应材料性能的基础上进行装饰艺术处理；而施作于门窗、隔断等小木作的雕饰，如夹堂板、裙板等，由于处于近距离视域范围，且多没有承载等结构功能，则注重对装饰细节的刻画和雕镂，形成室内外立面的精彩点缀。

1. 雕刻梁

江苏传统建筑梁架装饰，明代月梁雕饰很少，常用线刻或剔地式，体现出理性节制的美感；清代月梁装饰明显增多，在梁面上施加了更多雕刻，雕刻题材内容更加丰富，装饰风格趋于繁缛。等级较高建筑中，轩梁也常用雕饰，如甘熙故居、胡家花园，以及一些祠堂、庙宇等；正贴的山界梁和五架梁也较多用雕饰；此外，梁头多是雕饰的重点（表5-5）。

表5-5 梁的形式

位置	案例
月梁	

位置	案例
轩梁	
梁头	

2. 雕刻梁垫

梁垫常见于等级较高建筑的轩梁、正贴五架梁及廊川处。梁垫的体量大小相对自由，常视梁的曲直长短依势而饰，简洁的如竹节、卷草、祥云、拐子龙等，复杂的如瑞兽、戏文故事等，在形式、体量及装饰手法上都灵活多样，是结构和艺术完美结合的构件形式（图5-3、4）。

图5-3　梁垫（苏州案例）　　　　　图5-4　梁垫（惠山案例）

3. 柱雕刻

柱子是建筑重要结构构件。日常生活中，落地柱易被碰撞，且需清洁，因此对柱身的雕刻较少。江苏传统建筑现存柱实物中，仅发现少量案例中对落地柱的雕刻，如苏州雕花楼天香阁，柱身雕刻似竹子分节、竹叶装饰。垂莲柱本就由装饰而生，多是装饰的重点，常雕刻植物花纹（表5-6）。

表 5-6　柱的装饰

位置	案例
落地柱	
垂莲柱	

4. 山雾云

在大中型传统建筑中，结构相对复杂、装饰相对华丽的扁作厅堂，常于山脊部位嵌山雾云与抱梁云，精美异常，颇具特色。因为山雾云位于高处且光线幽暗，所以山雾云及抱梁云多向外倾斜，以迎向人的视线、改善观赏效果。

图 5-5　山雾云雕饰

5. 门窗

江苏传统建筑的门窗雕工多较简朴，以精巧雅致的纹饰组合见长（表 5-7）。门窗格扇的心仔（格心）丰富多变，样式不胜枚举，如宫式、葵式、书条式、棋盘格、斜纹菱格、步步锦、井字嵌菱式、葵式十字川龟景纹、海棠花等。上、中、下夹堂板的雕饰以中夹堂为重点，裙板上的装饰从简至繁为：素板、兜肚、兜肚外加线脚、浅刻回纹或如意、漏雕花草、深浮雕花卉、博古、人物、动物等。

表5-7　门窗的装饰

位置	案例
心仔	
裙板	
夹堂板	

6. 栏杆

栏杆本为安全措施，因其位置近人，所以也多做装饰（表5-8）。传统建筑中常见的有平坐栏杆、靠背栏杆（俗称"美人靠"，苏州亦称"吴王靠"），这两种栏杆在宋代就有记载，多用于园林类建筑中。靠背栏杆常见于亭榭建筑，多靠外侧设置，斜出如坐椅靠背。平坐栏杆多用在小型曲桥和廊的两侧。江苏传统的栏杆样式十分丰富，常用的有直棂栏杆、车木栏杆、万川式栏杆、宫式栏杆、万字栏杆等。如果栏杆在窗下槛墙部分，栏杆花纹多与其上的窗扇花纹风格统一，整体视觉效果协调。

表 5-8　栏杆装饰

分类	案例
栏杆	
美人靠	

7. 短机

传统建筑的短机常雕刻水浪、花卉、钱币纹、蝠云等饰样，水浪机有防火的寓意（表 5-9）。

表 5-9　短机的装饰

分类	案例
花机	
水浪机	
蝠云	

8. 挂落

挂落是用木条搭接而成，安装在两柱之间枋、机下的装饰性构件，多用于外廊，沿面宽布置，见图5-6。挂落纹饰主要有藤茎类和万川类，万川又可分为宫式和葵式。

图5-6　苏州园林挂落

三、石雕

江苏石雕艺术历史悠久，可追溯到古人类的打制石器，上雕纹饰，刀法洗练、造型简洁，实用美观。秦汉时期出现了大型墓前石雕，题材有历史人物、神话传说、节孝故事、祥禽瑞兽等；六朝时期的大型墓前石雕遗存主要分布在宁镇一带；隋唐时期遗存多为佛道石雕。现有遗存证明，五代两宋时期石雕艺术已在建筑中多有使用，明代建筑中运用已经成熟普及，并逐渐形成石质雕塑的自身风格。石雕工艺广泛应用于住宅、祠堂、庙宇、牌坊、亭、塔、桥、墓等建筑。

用材：石雕的材质，最佳者为汉白玉，最次者为夹砂石，江苏使用最广者为大青石、黄麻石、白矾石。青石产自洞庭西山，纹质细腻、宜于浅雕，多用于金刚座、栏杆等处。绿豆石石质较松脆但易于雕作。尧峰山出产黄石，嶙峋入画，既可砌筑蹬道，亦是园林中叠山的美石。苏州的金山、焦山（亦称大焦山，位于木渎镇）和光福、藏书等地山体盛产花岗岩，其中，金山石的石质更为优良、坚硬细腻。据《吴县志》记载，金山"山高五十丈，多美石，巍巍高耸，皆碧绿色"。清中叶后，江苏传统所用青石多被金山石取代。南京汤山、阳山、青龙山、幕府山、覆舟山产石灰石，其中阳山采石场自六朝以来即为南京地区采石地之一，古采石场遗迹约3万平方米。南京及周边石材普遍呈青灰色，汤山一带所产石材掺杂着红色纹理，是南京地区所特有的，在明故宫御路遗址中屡见使用。

部位：传统建筑的石雕多用于抱鼓石、门砧、地栿、柱础、台基和拴马桩、石牌坊等。

1. 抱鼓石

抱鼓石多用于公共建筑和等级较高住宅的大门两侧，或牌坊、桥梁两端栏杆旁，以保护相关构件不受强力碰撞，同时加固构件定位，其渐渐形成底座上置石鼓的形制。太湖地域抱鼓石结构比较简洁；徐宿地域抱鼓石大鼓下常用小鼓一对，上蹲石兽，造型活泼。

表5-10　抱鼓石的装饰

地域	案例
太湖	
徐宿、沿江	

2. 柱础与磉石

石柱础有方、圆、六角、八角之制，圆柱础又有古镜、鼓墩、覆盆、仰覆莲花、宝装莲花等多种形式，明清更发展出宝鼎、须弥座诸式。一般鼓墩素平处理、质朴无纹，考究的浅雕处理，饰几何纹样或植物花卉等，细腻雅致（表5-11）。

磉石有两种类型，一种相对简单，与地面平，上置柱础以承柱身；另一种相对复杂，形式高出地面像脖子一样的结构，被称为柱顶石，高出的颈部成为装饰重点部位，有素朴圆鼓、莲瓣、线脚等多种不同形式。

表5-11　鼓墩雕饰

分类	案例
鼓形	

分类	案例
覆盆形	

3. 石过梁

石过梁常结合门头上的砖雕题材施以雕饰，因石雕比砖雕难度大，通常石过梁雕饰比门头的砖雕更为简单(图5-7)。

图5-7　青果巷石过梁

四、泥塑

用材：以草筋灰、纸筋灰或贝灰等灰类为主要材料，辅以铁钉、铜丝等制作骨架，用灰匙、批刀等工具塑出浮雕或立体圆雕，多着颜色。着色方式有两种，一种是在半干时上色，使其更好地渗入，颜色更加持久；另一种先在灰泥中加颜料调色后再制作成型。太湖地区的灰料多加入糯米、红糖等搅拌而成。

部位：多用于门头、垛头、山墙、窗楣、屋脊等部位。

1. 脊饰

传统建筑正脊的脊头常见五种：甘蔗脊、雌毛脊、纹头脊、哺鸡脊和哺龙脊。将瓦片竖起来排在屋顶上，两端刷回字纹，脊顶刷盖头灰(用纸筋灰加适量的烟墨搅拌均匀制成)，这样的屋脊造型被称为甘蔗脊。哺鸡脊分雕花与无花两种。纹头脊有"方纹头"和"圆纹头"之分(表5-12)，方纹头脊呈方形，用于普通民居中的堂屋或大户人家住宅中的厢房，有"一砖二瓦"和"滚筒三线"之分；圆纹头脊又分"果子纹头""灵芝纹头"和"云头纹头"三种。

表 5-12　脊头装饰

种类	案例
哺鸡脊	
纹头脊	 圆纹头脊　　　　 方纹头脊

2. 腰花

　　龙腰处有时不做装饰，只略施粉刷；做装饰时多以灰塑做花盆、花瓶、字牌，或简单的花草，或塑人物神仙、飞禽走兽鱼虫等纹样题材（图 5-8）。不同的花瓶、花盆造型所蕴含的意义不尽相同，字牌则用灰泥塑出吉祥文字，如福、吉等。

图 5-8　腰花的装饰

第二节　以饰纹题材分类

一、概述

江苏传统建筑装饰表达的主题都和中华传统文化倡导的精神密不可分，常有文人画师参与筹划，文庙等建筑甚至会有功名在身的社会名流直接参加营造。雕塑纹饰的主题一般与当地的山川形胜、圣贤功绩和忠孝义举直接相关，用艺术手段倡导忠贞爱国、邻里和睦、尊老爱幼的行为道德，对于文化传承起了潜移默化的作用。

地域之间区别，徐宿、沿海、南通地域传统建筑装饰较简洁，多以花卉、瑞兽为题材，图案构成饱满，用在明显的部位，如门楼、门罩、影壁这种能表达"门第等次"的部位，或是山墙类远距离亦可清晰观望之处；风格趋向刚劲硬朗。沿江地区，尤其是苏南传统建筑的装饰题材丰富，多用文化人物，风格生动活泼，图案构成巧妙精美、华丽细致。总体来说苏北地区的装饰重在沉稳庄重的建筑整体气韵，工艺洗练而粗实豪放；宁镇、淮扬泰、太湖地域装饰风格整体华丽细腻、工艺精巧。

图 5-9　神话类装饰　　　　　图 5-10　人物类装饰

二、神话类

神话类雕塑常以脍炙人口的神话故事的重要情节作为题材，结合地方特点加以创作，形成了各地传统建筑装饰的不同主流题材和样式（图 5-9），如鲤鱼跃龙门、独占鳌头、麒麟送子、八仙过海等。

三、人物类

雕塑人物广泛以戏文、小说、传说、典故等为题材，结合地方特点加以创作，形成各地传统建筑装饰的特色主题和艺术形象。戏文小说类如《三国演义》《西游记》《水浒传》《封神演义》《杨家将》《长生殿》《西厢记》《白蛇传》等；典故传说类如"竹林七贤""牛郎织女""韩信点兵""五子登科""刘海戏金蟾""和合二仙"等；佛、道故事也是较常用的主题。一些大户、大院的雕塑中，常见一个主题包括多幅画面，表达出主题的情节甚至过程，如扬州卢氏古宅门楼砖雕"李谪仙醉草吓蛮书"，吴道台府门楼砖雕"刘海戏金蟾"，苏州全晋会馆的木雕等，都是优秀的实例。

四、动物类

动物类雕饰运用习惯寓意或谐音的方法，以民间传说或神话故事为基本原型，以"福、禄、寿、财、喜"为五大题材展开（表5-13）。自然界的动物本无珍奇祥瑞之分，因人类需要而赋予动物"精神桂冠"，题材不胜枚举，应用较普遍的如狮、鹿、蝙蝠、鸡、鱼、孔雀、鹤、鹦鹉、鹌鹑、蜘蛛、蝴蝶、蟾蜍、猫、壁虎等。众所周知，龙凤题材在传统社会属于皇家专用、不可他用，民间偶有使用者都是采用变形手法，如"草龙"等。

表5-13　动物类雕饰

类型	案例
仙禽	
孔雀	

类型	案例
狮	
马	
鲤鱼	

五、植物类

花是美的化身，以花卉装饰纹样符合广泛的审美心理，包括形象和精神象征、谐音寓意等各种欣赏角度。自然界物种无穷，植物类雕塑一般多以当地人对花卉品种的综合认知选择题材，例如梅、兰、竹、菊，即是传统纹样常用题材，其单独成饰或合成"四君子"图案（表5-14）。

表5-14　植物类装饰

类型	案例
梅、兰、竹、菊	

类型	案例
牡丹、月季	
荷(莲)花	 
卷草	

六、物品类

物品类装饰（图 5-11）可以单独出现，也可以组合出现，多含有社会审美共识或当地特定寓意，常见题材有八宝、暗八仙、琴棋书画、生活器具等。

图 5-11　物品类装饰

七、纹样类

1. 字形纹

字形纹从形式来源上讲可以分为谐音类、寓意类和符号类。谐音类即以相同或相近读音表述吉祥之意，如"平（瓶）安如意"。寓意类是用借代的手法，以物体或画面比喻，表示吉祥美好的意愿。符号类是由于历史文化的传承，使某个符号逐渐固定化为特定观念的表征，就成了特定的符号，如万字纹。字形纹内容总体上有祈福、祈寿、喜庆、吉祥等四大类，具体形式难以详尽（图5-12）。

2. 几何纹

几何纹的形成方法大致亦可归为谐音、寓意和符号等三种，与字形纹异源同用、异曲同工（图5-13）。

图 5-12　字形纹装饰　　图 5-13　几何纹装饰

3. 主题组合

在门楼、影壁等大规模装饰的地方，往往采用多种内容、不同形式的组合，如苏州某砖雕门楼，雕刻极其精美（图5-14）。组合重在相得益彰、整体协调。

图 5-14　苏州某砖雕门楼

第三节　纹饰用法

一、概述

丰富多彩的装饰图案是几千年来形成的中华文化符号，体现了"图必有意，意必吉祥"的传统习俗和丰富内涵。特别是传统民居建筑中的装饰图案，往往通过某种自然现象的比喻关联、寓意双关、谐音取意、传说附会等方法，利用神话传说、吉言谚语、历史典故、民间俗信等内容，寄托祈吉呈祥、消灾弭患的美好愿望，抒发自强不息、有礼有节的高雅志趣，表达人们对美好生活的向往追求，同时起到美化建筑的作用。

按照施作部位的不同，建筑纹饰应用分布方法一般可对应分为独立式、组合式、系列式三大类型。其中，独立式主要用于部品、构件，组合式通常用在厅、堂内空间，系列式的常用对象则是围合院落的建筑立面。对比不同地域、不同建筑类型的纹饰题材差异，可以看出三种用法的一些规律和独特习惯。现以雕刻纹饰为例，分别介绍这三类常用方法。

二、独立式

独立式纹饰通常以小而精致的形式呈现，雕刻面积较小，易于观赏、一目了然（表5-15）。常以动植物题材为主，多施于装饰性强的构件，主要是各类厅堂、庙宇祠堂的主殿等重点建筑中的独立构件，包括柱础、梁墩、雀替、撑栱等。多用浮雕、圆雕等形式。

表5-15　独立式构件纹饰

构件	照片		材料	工艺	常用主题
雀替、蜂头	 苏州案例		木	圆雕	鲤鱼、蝙蝠等动物题材，梅、兰、竹、菊等植物题材
	 淮安府衙				

构件	照片		材料	工艺	常用主题
雀替、蜂头	 徐宿地域案例	 南通案例	木	圆雕	鲤鱼、蝙蝠等动物题材，梅、兰、竹、菊等植物题材
	 徐州户部山民居				
撑栱	 常州案例	 惠山古镇案例	木	浮雕、透雕	卷草纹、人物故事、动物、植物题材
	 徐州土山镇老县政府	 扬州湾头镇民居			
枫栱	 太湖地域案例		木	浮雕、透雕	多种花卉

构件	照片			材料	工艺	常用主题
梁头	 徐宿地域案例	 杨桥南阳楼茶社		木	浮雕、线雕、平雕	卷草纹
	 徐州地区民居	 南京民居	 沿海地域案例照片			
短机	 常熟脉望馆	 太湖地域案例		木	圆雕、透雕	卷草纹、动物、植物题材
象鼻枭	 沿海地域案例			砖	线刻、浮雕	几何线、吉祥寓意图案
	 镇江民居	 镇江民居				
	 徐州沈家大院	 连云港南城镇民居				

构件	照片		材料	工艺	常用主题
排气孔			砖	浮雕	花卉、几何纹
	南通案例	常州案例			
山花			砖	浮雕	云纹、龙凤纹、几何纹
	徐宿地域案例				
	无锡荡口华太师府	徐州民居山花			常州焦溪村某民居
墀头			砖	浮雕	吉祥寓意图案，动物、植物题材，人物故事
	无锡张中丞庙	无锡荡口民居			
	常州案例	徐州沈家大院			

构件	照片		材料	工艺	常用主题
柱础	 太湖地域案例	 常州青果巷礼和堂	石	线刻、浮雕	多用各种动物、植物、吉祥物、几何纹
	 苏州案例　　 徐州户部山民居	 镇江案例			
门枕石	 常州前后北岸民居	 徐州沈家大院	石	浮雕	吉祥寓意图案，动物、植物，偶有人物题材
滴水、勾头	 太湖地域案例	 淮扬泰地域案例	黏土烧制	泥塑	八卦、蝙蝠、福禄寿字样、龙凤等吉祥图案
	 徐宿地域案例　　 徐州戏马台	 常州案例			

构件	照片		材料	工艺	常用主题
脊饰	 淮扬泰地域案例	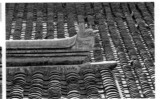 太湖地域案例	黏土 烧制	泥塑	龙、凤、麒麟、狮子、鹿、仙鹤、鲤鱼等动物题材，万年青、卷材纹等植物题材，八仙过海、和合二仙、福禄寿等人物题材
	 常州焦溪村民居	 徐州土山镇民居			
	 无锡王恩绶祠	 徐宿地域案例			

　　独立式纹饰的应用在江苏较为普遍，施作部位众多，工艺精致细腻，题材丰富多样。不同地域也存在一定差异，徐宿、沿海地域的建筑装饰总体上风格简洁，通常以卷草纹、线刻造型为主；太湖、淮扬泰地域独立纹饰多处运用、工艺复杂、主题繁多。

三、组合式

　　组合式纹饰多为局部空间的一套构件所连续展开的画面，通常由意义、韵律相似几何纹以及散点布置的草木花卉、珍禽瑞兽、戏文故事图案组成，一般都有共同的背景纹饰要素（表5-16）。主要用在相对具有公共性的建筑空间，如檐下空间、室内飞罩、墙门、照壁等；砖木均可采用，工艺以线刻、平雕为主。

　　江苏传统建筑中的梁架组合纹饰，多见于宁镇、太湖地域的厅堂建筑中，其他地域以线刻或简洁的剥腮、卷杀造型为主。

表 5-16　组合式构件纹饰

部位	照片	工艺	题材
轩梁、双步梁		圆雕、平雕、浮雕	动物、植物题材

无锡惠山古镇弓形轩

南京民俗博物馆船篷轩

淮扬泰地域船篷轩

苏州茶壶档轩

无锡玉祁礼社船篷轩

无锡二泉书院菱角轩

苏州海棠轩

苏州菱角轩

连云港城隍庙双步梁

徐州户部山民居船篷轩

部位	照片	工艺	题材
檐檩下（枋、枋间壁、挂落等）	 常州邹浩祠挂落　淮扬泰地域挂落 常州案例　无锡玉祁礼社案例　耦园挂落 徐州户部山民居挂落　泰州口岸雕花楼挂落　无锡王恩绶祠堂挂落	透雕 浮雕	卷草纹、几何纹
正贴梁架	 连云港城隍庙　太湖地域案例 无锡玉祁礼社民居　徐州民居 徐州户部山	线雕、 浮雕、 圆雕	动物、植物题材

部位	照片		工艺	题材
边贴梁架	苏州地区案例	泰州地区案例	线雕、浮雕、圆雕	动物、植物题材
	徐州民居	泰州民居		
屋内飞罩组合	南京民俗博物馆飞罩		透雕	卷草纹、几何纹
	苏州耦园飞罩	扬州飞罩		

四、系列式

系列式纹饰主要用于面向同一院落的各主要建筑立面，围绕同一个核心主题布置装饰，注重主题表达的连贯性、相似性，不同轴线、不同功能的建筑立面纹饰具有明显系列性或紧密相关性（表5-17）。在构图上，通常将画面区隔成较小的装饰单元，以植物等作为单元之间的介质，每个单元表达一个情节，情节之间构成一定的结构秩序，逐一将人物、场景清晰展现。纹饰主题一般与地域文化、建筑功能、主人身份相关，具有鲜明的教化、祈福意向，内容常见暗八仙、福禄寿、教化性戏文故事、山水题材、花鸟竹石、科举及第等，如"三国演义""郭子仪拜寿""八仙祝寿"等，通常以花草树木等区隔。系列式纹饰主要用在成组出现的门窗扇的裙板、砖雕门楼的砖壁等。砖木均可采用，为强调叙事的装饰性效果，常以浮雕为主，部分案例有透雕。

表 5-17　系列式构件纹饰

位置	照片	施作部位
立面	 淮安某民居  无锡玉祁礼社	梁头、雀替、额枋、门窗夹堂板、裙板
门楼	 苏州某民居  扬州湖南会馆	砖壁

系列纹饰多为近距离观赏对象，纹饰的工艺、内容直接体现主人的财力与品位。从现存案例来看，历史上文人较多的聚居区中，系列纹样使用频繁，既有"牧童短笛""樵夫晚归""春耕图"等教育人们勤奋的题材，也有"高山流水""三国演义"等人物故事、历史知识，"寒窗苦读""状元游街"等励志性题材也是经常出现的主题。

第四节　工艺

一、概述

传统建筑装饰是一种以手工艺为主的技术体系，主要包括雕刻、彩画、泥塑等工艺。具体工艺方式的选用与气候环境、自然资源等客观因素密切相关，同时也受到文化传统、生活方式、行帮技艺与时代审美的强大影响。江苏自然环境特色丰富，文化多元底蕴深厚，商品经济繁荣活跃，技艺精湛体系传承不息。集雕刻、泥塑、彩画以及金属锻造等技艺于一体的江苏传统建筑装饰工艺体系，千百年来即具有精致、细腻、文雅、工巧的艺术特色，随着利用功能、装饰需求以及空间氛围的演变而不断创新，体现了高超的工艺水平和辉煌的艺术成就。

二、雕刻

传统建筑雕刻应用范围广泛，创作手法多样。按照雕刻手法以及成品的不同外观效果、技法由易到难、形态表达由平面到立体的顺序，主要分为线刻、隐刻、平雕、浮雕、圆雕、透雕等种类。

雕刻工具可分为刻刀和配合工具等两类，刻刀有打胚刀、出细刀，配合工具主要有木敲手、钢丝锯、毛刷、靠尺、角尺等。根据不同材质特点，木雕、砖雕、石雕都有适合各自雕材和工艺种类的工具。

不同种类雕刻的工艺流程基本相同，通常包括选材、放样、粗胚、打胚（粗雕）、细胚（出细）、修整等工序。放样指将设计画稿按实际大小标示到材料表面的过程；粗胚指在材料表面，按照放样稿的图线，打出画面大致形状、轮廓的过程；打胚是个逐渐深入的过程，尤其对多层次的镂空雕，只有外层的位置定好了，内部各层次位置才能定准；细胚指在已经雕凿出粗胚的基础上用刻刀将图样的细部刻画出来的过程；修整是对细胚后的画面继续整理，使雕刻的形体外观细致、美观的过程。

1. 线刻

线刻，是以线条为主要造型手段，用刻刀直接在材料上刻画出纹饰图案的雕刻方法，具有流畅、清晰、明快的特点。常用于具有单一方向性的构件上，木、砖、石皆有运用。施作部位主要有梁枋、门窗、石柱础、砖檐口等处（图5-15、16）。梁枋等具有结构作用，且因处于较远视域范围内，其纹饰注重大的形体轮廓舒朗简洁，故而多采用刻深或较浅的线刻、平雕。

图5-15　裙板木线刻　　　　　图5-16　柱础石线刻

2. 隐刻

用白灰作为原材料，渗入木炭或柴炭的颗粒、骨胶，用熬制的糯米汁搅拌而成的灰膏抹面，在灰面上刻画，露出墙面材料原色、以白灰为背景的阴刻，这种雕刻叫"隐雕"（图5-17、18），比石雕、砖雕更为经济、省工，连云港等地区传统建筑较多采用。常用于大门两侧、山尖墙、门额等，这些地方是隐雕的重要部位。

图5-17　连云港民居山墙隐刻　　　图5-18　徐州户部山山墙隐刻

3. 平雕

平雕是留出平整的图案表面并线刻花纹，将底略刻打毛，平雕是线刻的扩展版，在砖墙、大木构件等先下料再雕刻的构件表面应用较多（图5-19、20）。与线刻一样，平雕工艺常常施于梁枋、门窗、柱础等处。

图 5-19　脊饰砖平雕　　　　　图 5-20　大梁木平雕

4. 浮雕

浮雕使物体的立体感明显加强，是一种多层次、多深度的雕刻，更能表达形象的逼真性与完整性，高出底面较多的亦称"高浮雕"，但没有确定的分界。木雕、石雕、砖雕都较多采用浮雕工艺（图 5-21～23）；木浮雕多施于门窗、隔断等小木作的雕饰，如长窗的夹堂板、裙板等处。

图 5-21　台阶石浮雕　　　　图 5-22　门楼砖浮雕　　　图 5-23　门裙板木浮雕

5. 圆雕

圆雕是立体雕刻，物体的各个看面都雕刻出具体形象，是一种具有三维空间艺术感的雕刻艺术（图 5-24～26），作品内容多取材于人物、动物、植物，题材以吉祥寓意的内容为主，具有很好的装饰效果。木雕、石雕采用较多，

图 5-24　轩梁木圆雕

图 5-25　柱础砖圆雕　　　　　　　　图 5-26　石狮圆雕

主要施于雀替、蜂头、牛腿等处，以及单独构件和构件裸露在外的端部。

6. 透雕

透雕是将材料镂空的一种雕刻手法（图 5-27、28），通常只雕刻器物的外表面，即采用单面雕，底板镂空，具有穿透感而兼有浮雕的灵秀之气；有时与圆雕结合施用，艺术效果更加强烈。常以木雕为主，苏州一些砖雕实物中也用透雕。透雕一般用于较近视域范围内装饰性强的非结构性构件，或结构构件中的非结构冗余部分，主要应用在山雾云、花罩、雀替及门窗等装饰部位。

图 5-27　枫□木透雕　　　　　　　　图 5-28　石透雕

三、彩画

江苏地区彩画工艺基本延续了宋代做法（宋《营造法式》即是在苏州重刊，

所载工艺多为苏州香山帮做法），原料主要是颜料和胶，少有用金。颜料主要分为矿物颜料、植物颜料以及金箔、银箔之类的金属光泽材料。工具有画笔、牛角板、靠尺、粉袋等。据《江南建筑彩画研究》一书介绍，彩画工艺的一般操作流程包括打底子、衬底、打谱子、贴金、设色、描边、罩面等。

打底子：将木材表面的灰尘、污垢、树脂等清除干净，挖去木材的裂痕、节疤，用桐油加白土作腻子进行捉补以找平。其次是打磨，用水布将构件表面打磨光滑。

衬底：江苏地区传统建筑彩画多用白色和黄色衬底（图5-29~32），一般衬底需进行2~3次以上，每次都要打磨平整，最后一遍更要磨得极为平整光滑，以便于上颜料层。

打谱子：将木构件尺寸量好，先另行在纸上用墨线画出彩画的纹样，扎谱、拍谱后留下图案墨迹，再用小刷子将花样描出来。

贴金：江苏地区传统建筑彩画较少贴金，一般分沥粉贴金、平贴金、堆金三种工艺。

设色：包括衬色两道、布色两道。设色技法中叠晕、渲染、描画在江苏地区彩画中应用最广泛。

描边：着色完成后，需拉白、压黑和描金，这三种方法一般不在同一幅画面中使用。

罩面：彩画晾干后，用稀薄的胶矾水整刷一遍，这样既能增加彩画的光泽，又能防潮防腐。

江苏地区气候潮湿，不利于彩画保存，导致现存案例较少，且大部分保存状况不佳，亟须专题研究和保护。

图5-29　泰州市黄桥战役支前委员会旧址梁头彩画白色衬底

图5-30　常熟脉望馆双步梁彩画白色衬底

图 5-31　宜兴徐大宗祠彩画黄色衬底　　图 5-32　苏州城隍庙彩画黄色衬底

四、泥塑

泥塑营造工序主要分为四道：扎骨架，乱草坯，细塑，压光（图 5-33）。

第一步扎骨架，用钢筋或铁丝、砖块或木料，按照设计图样绑扎、堆砌成基本造型骨架，骨架必须用铁钉钉在应用部位，确保准确定位、牢固结合。

第二步乱草坯，在完成好的骨架上层层堆叠纸筋灰浆，形成初步造型。纸脚需用较粗一些的纸筋，堆塑一层厚度在 3 cm 左右。每堆完一层纸筋灰浆后必须压实磨刮，并绕一层铁丝或麻丝以防草坯脱壳开裂，再进行下一层的堆塑。

第三步细塑，草坯刮好后，用铁皮制作的条形溜子对草坯按照所设计的图样进行精细的堆塑，此时用的纸筋中纸脚需要细一些，纸筋灰浆按比例搅和成具有黏性和可塑性后方可使用，一般分两次完成细塑。

最后一步压光，用黄杨木或是牛骨制成条形的溜子把堆塑造型表面压实并抹光，直至平整光亮无不当印痕为止。最后再用灰浆涂刷三遍以上，使其能经历风吹雨打而不易脱落。色彩的加入方式有两种，一种是在泥塑灰泥半干时上色以更好地渗入，使颜色更加持久；另一种是先在灰泥中加入颜料，调制各种色彩再制作成型。

1　扎骨架

2　乱草坯

3　细塑　　　　　　　　　　　　4　压光

图 5-33　泥塑制作工序

参考文献

［1］梁思成. 《营造法式》注释［M］. 北京：中国建筑工业出版社，1983.

［2］梁思成. 清式营造则例［M］. 北京：清华大学出版社，2016.

［3］姚承祖. 营造法原［M］. 北京：中国建筑工业出版社，1986.

［4］刘敦桢. 苏州古典园林［M］. 北京：中国建筑工业出版社，2005.

［5］张泉，华晓宁，黄华青，等. 中国传统民居纲要［M］. 北京：中国建筑工业出版
社，2020.

［6］纪立芳. 江南建筑彩画研究［M］. 南京：东南大学出版社，2017.

［7］南京博物院. 苏北传统建筑调查研究［M］. 南京：译林出版社，2019.

［8］长北. 江南建筑雕饰艺术（南京卷）［M］. 南京：东南大学出版社，2009.

［9］张泉，俞娟，谢鸿权，等. 苏州传统民居营造探原［M］. 北京：中国建筑工业出版
社，2017.

［10］李新建. 苏北传统建筑技艺［M］. 南京：东南大学出版社，2014.

［11］祝纪楠. 《营造法原》诠释［M］. 北京：中国建筑工业出版社，2014.

［12］雍振华. 江苏民居［M］. 北京：中国建筑工业出版社，2009.

［13］张道一，郭廉夫. 古代建筑雕刻纹饰［M］. 南京：江苏美术出版社，2007.

［14］庄裕光，胡石. 中国古代建筑装饰［M］. 南京：江苏美术出版社，2007.

［15］崔华春. 苏南地区明末至民国传统民居建筑装饰研究［D］. 无锡：江南大学，2017.

［16］周晓菡. 建构视角下的无锡宗祠建筑构造特征研究［D］. 无锡：江南大学，2017.

［17］吴珏，过伟敏. "无为" & "有为"：惠山祠堂建筑群布局特色及营建思想初探［J］.
室内设计与装修，2006（6）：124–125.

［18］夏天. 南京栖霞寺建筑空间与景观特色研究［D］. 南京：南京艺术学院，2012.

［19］邹林海. 扬州寺庙园林艺术特征与综合价值研究［D］. 南京：南京农业大学，2017.

后 记

　　江苏地域文化特色鲜明，传统建筑在自然、经济、文化等多重因素的作用下形成了不同的地域特征，相关营造技艺也显现了各自的地域特点。对这些地域特色进行系统的归纳和鉴别，有助于准确地把握不同地域传统建筑的具体特点，为传统建筑的保护修缮与活化利用提供有益参考借鉴和依据，更真实地传承江苏传统建筑地域文化。

　　2020 年，"江苏省传统建筑营造地域特色研究"课题在江苏省住房和城乡建设厅立项，江苏省城市科学研究会牵头承担研究工作，与东南大学建筑遗产保护设计研究院、苏州太湖古典园林建筑有限公司的项目团队共同协作，收集、梳理、研究大量相关资料和实物，经过两年努力，形成了本书的研究成果。

　　江苏省各设区市住房和城乡建设部门提供了本地相关代表性传统建筑的图文资料，为研究工作奠定了良好的技术基础。东南大学建筑遗产保护设计研究院、苏州太湖古典园林建筑有限公司的各位同志承担了资料的搜集、整理工作，在此对各主管部门和参加此项工作的同志表示衷心感谢。

　　受时序进度与能力所限，本书的相关内容难免存在一些不足和谬误之处，敬请读者批评指正。

内容简介

传统建筑营造受地域、气候、材料、工艺、流派等因素影响，具有鲜明的多样性。江苏传统建筑总体上呈现"南秀北雄"的风格，为了更好地保护、传承和弘扬江苏的优秀传统营造文化，需要系统地、具体地从规划建设、营造技艺等专业层面，对各地的传统建筑进行细致的考察、比较和研究，科学地鉴别江苏不同地域的传统建筑特色。

本书研究立足于江苏现存传统建筑的客观状态，主要针对各地域传统建筑的形制与工艺等进行阐述，重点关注各地做法的区别，对其主要特征进行分析、归纳。

希望通过本书的比较研究，能够更加准确、细致、深入地展示江苏传统建筑营造的地域特色，为提升传统建筑营造匠师的技艺和文脉素养，深化历史文化真实性传承与弘扬，增强城乡文化的地方特色底蕴，以及进一步做好全省历史文化保护工作、提升城乡建设品质提供参考和借鉴。

图书在版编目(CIP)数据

江苏省传统建筑营造地域特色／张泉等著. —
南京：东南大学出版社，2022.10
ISBN 978 - 7 - 5766 - 0228 - 9

Ⅰ. ①江…　Ⅱ. ①张…　Ⅲ. ①建筑风格-研究-江苏
Ⅳ. ①TU - 862

中国版本图书馆 CIP 数据核字(2022)第 162729 号

责任编辑：姜　来　贺玮玮　责任校对：李成思　封面设计：毕　真　责任印制：周荣虎

江苏省传统建筑营造地域特色
JIANGSU SHENG CHUANTONG JIANZHU YINGZAO DIYU TESE

著　　者：张　泉　胡　石　薛　东　戴薇薇　等
出版发行：东南大学出版社
社　　址：南京市四牌楼 2 号　邮编：210096　电话：025-83793330
网　　址：http://www.seupress.com
电子邮箱：press@ seupress.com
经　　销：全国各地新华书店
印　　刷：南京新世纪联盟印务有限公司
开　　本：787 mm×1092 mm　1/16
印　　张：12.5
字　　数：279 千
版　　次：2022 年 10 月第 1 版
印　　次：2022 年 10 月第 1 次印刷
书　　号：ISBN 978 - 7 - 5766 - 0228 - 9
定　　价：92.00 元

本社图书若有印装质量问题，请直接与营销部调换。电话(传真)：025-83791830